全国牧区主要灌溉人工牧草需水量与综合节水技术研究

佟长福　郭克贞　郑和祥　田德龙　等著

中国铁道出版社有限公司

2022·北京

内 容 简 介

本书在分区域(内蒙古及周边牧区、新疆牧区、青藏高原牧区)进行 ET_0 计算和 K_c 值确定的基础上,研究了 ET_0 变化特征及其影响因素,提出了主要人工牧草需水量和需水规律及其综合节水技术。本书为全国牧区主要人工牧草灌溉制度制定、行业用水定额编制与灌溉人工草地建设与管理,以及新形势下水利工程规划设计、水资源评价和综合开发利用、农牧业宏观决策提供参考和依据,对制定科学合理的农业用水总量、提高农业用水效率和缓解水资源供需矛盾具有十分重要的现实意义。

本书可供从事牧区灌溉人工草地建设和水资源高效利用研究的科研人员,牧区水利发展规划、设计等方面的规划设计人员和高等院校相关专业师生参考。

图书在版编目(CIP)数据

全国牧区主要灌溉人工牧草需水量与综合节水技术研究/佟长福等著.—北京:中国铁道出版社有限公司,2022.4
 ISBN 978-7-113-28058-1

Ⅰ.①全… Ⅱ.①佟… Ⅲ.①牧区-人工牧草-作物需水量-研究 Ⅳ.①S540.7

中国版本图书馆 CIP 数据核字(2021)第 116071 号

书　　名:	全国牧区主要灌溉人工牧草需水量与综合节水技术研究
作　　者:	佟长福　郭克贞　郑和祥　田德龙　等
责任编辑:	冯海燕　　　编辑部电话:(010)51873017
封面设计:	尚明龙
责任校对:	焦桂荣
责任印制:	樊启鹏

出版发行:中国铁道出版社有限公司(100054,北京市西城区右安门西街 8 号)
网　　址:http://www.tdpress.com
印　　刷:北京联兴盛业印刷股份有限公司
版　　次:2022 年 4 月第 1 版　2022 年 4 月第 1 次印刷
开　　本:787 mm×1 092 mm 1/16　印张:10.75　字数:288 千
书　　号:ISBN 978-7-113-28058-1
定　　价:73.00 元

版权所有　侵权必究

凡购买铁道版图书,如有印制质量问题,请与本社读者服务部联系调换。电话:(010)51873174
打击盗版举报电话:(010)63549461

前　言

我国牧区占国土面积的45.1%,牧区草原面积占全国草原面积的65%,是我国主要江河的发源地,是水源涵养区及主要生态功能区的主体,在国土空间开发中具有重要战略地位。草原是我国最大的陆地生态系统和重要的绿色生态屏障,全国草原面积58.9亿亩,可利用草原面积49.6亿亩,其中牧区草原面积38.25亿亩,可利用草原面积32.23亿亩。目前,我国草原超载过牧严重,草原畜牧业的掠夺式经营导致了草原退化加剧、沙化严重、生态失衡,加之牧区灾害频繁,防灾抗灾能力薄弱,致使我国草原畜牧业生产始终处于脆弱的草原生态环境之中。

草原是牧区人民赖以生存和发展的基础性物质资源,加强草原生态保护与建设是党中央和国务院为实现我国社会、经济可持续发展做出的重大战略决策,是国家生态建设与保护的重要内容。生产实践证明:发展牧区水利是保护草原生态的重要举措,通过在有水资源条件的地区建设适宜规模的灌溉人工草地,集中解决牲畜的补(舍)饲问题,使大面积的天然草原得以休牧和禁牧,充分发挥大自然的自我修复能力,是改善目前草原生态恶化状况最有效的水利措施之一。国内外草原畜牧业发展与草原生态保护的实践充分表明,发展牧区水利,建设灌溉人工草地,构建种植、放牧、饲养相结合的集约化、规模化、社会化和专业化现代草原生态畜牧业发展模式,是保护我国草原生态、促进牧区经济社会科学发展的必然选择。

灌溉人工草地用水是牧区主要的用水大户,节水最大潜力在田间,通过各种田间节水措施提高人工牧草水分生产效率是灌溉人工草地节水的关键。人工牧草耗水绝大部分水分以叶片蒸腾和棵间蒸发的方式向大气散失,因此田间蒸发蒸腾耗水是农牧业生产耗水的主要形式。因此,人工牧草需水量精确计算与预测是提高水资源效率,特别是提高灌溉管理的一个重要环节。而ET_0是估算与预测作物需水量的关键参数,ET_0的研究使作物需水量的计算有了统一的基础。近年来气候发生明显变化,ET_0也必然会随之发生变化,其变化趋势将直接影响水资源评价和水资源的供需调配。人工牧草需水量研究对水的生产力和节水灌溉意义重大。

本书针对灌溉人工牧草需水量和综合节水技术进行了研究,在分区域(内蒙古及周边牧区、新疆牧区、青藏高原牧区)进行ET_0计算和K_c值确定的基础上,研究了ET_0变化特征及影响因素,提出了主要人工牧草需水量和需水规律及其综合节水技术。本书为全国牧区主要人工牧草灌溉制度制定、行业用水定额编制与灌溉人工草地建设与管理,以及新形势下水利工程规划设计、水资源评价和综合开发利用、农牧业宏观决策提供参考和依据,对制订科学合理的农业用水总量、提高农业用水效率和缓解水资源供需矛盾具有十分重要的现实意义。

全书共 8 章。第 1 章简要介绍了灌溉人工牧草需水量和需水规律以及灌溉人工草地综合节水技术的研究背景、国内外发展趋势；第 2 章根据灌溉人工牧草适宜的生长条件及研究区域的气候条件等，分析了主要灌溉人工牧草种植区域的适宜性；第 3 章选取了典型站点，分析了参考作物腾发量的影响因素；第 4 章分区域（内蒙古及周边牧区、新疆牧区、青藏高原牧区）分析了全国牧区参考作物腾发量的时空变异性；第 5 章研究提出了不同区域灌溉人工牧草的作物系数；第 6 章根据 ET_0 和人工牧草 K_c 值，结合已开展的田间试验研究成果，提出了典型人工牧草需水量空间变化规律；第 7 章根据典型草原区需水量，结合高效用水灌溉制度、农机和农艺等配套技术，提出了典型区域灌溉人工牧草的高效用水管理技术；第 8 章为结论。

本书的主要研究成果是在中国水利水电科学研究院科研专项"灌溉饲草料地主要作物需水量研究和等值线图绘制"（项目编号：MK2014J06）的项目资助下完成的。撰写过程中，佟长福负责全书的内容编排与统稿工作；第 1 章佟长福、李和平、冷艳杰、牛海编写；第 2 章鹿海员、王军、曹雪松、白巴特尔、张松编写；第 3 章郭克贞、郑和祥、佟长福、汤鹏程、张娜、任晓东、李熙婷编写；第 4 章佟长福、郭克贞、任杰、张娜、任晓东、苗澍编写；第 5 章佟长福、郭克贞、郑和祥、田德龙、徐冰、赵淑银编写；第 6 章佟长福、郭克贞、田德龙、任杰、苗恒录、刘虎、邬佳宾编写；第 7 章佟长福、郭克贞、王军、曹雪松、白巴特尔、鹿海员、冷艳杰、李泽坤编写；第 8 章佟长福、郭克贞编写。

撰写过程中，得到了水利部牧区水利科学研究所的领导和科研工作者的支持，参考、借鉴了部分专家学者的有关著作、论文，并得到了内蒙古农业大学史海滨教授、魏占民教授和屈忠义教授的热心指导，在此一并致谢！

限于作者水平，书中难免存在疏漏之处，恳请读者不吝批评指正。

作 者
2021 年 6 月 9 日

目 录

1 概 论 ··· 1
　1.1 研究背景与意义 ·· 1
　1.2 国内外研究进展 ·· 2
　1.3 研究区概况 ··· 5
　1.4 研究目标 ··· 8
　1.5 研究内容 ··· 9
　1.6 技术路线 ··· 9

2 灌溉人工牧草适宜种植区域研究 ·· 11
　2.1 紫花苜蓿适宜种植条件及区域 ·· 11
　2.2 饲料玉米适宜种植条件及区域 ·· 12
　2.3 青贮玉米适宜种植条件及区域 ·· 13
　2.4 披碱草适宜种植条件及区域 ·· 14
　2.5 燕麦适宜种植条件及区域 ·· 15
　2.6 青稞适宜种植条件及区域 ·· 16
　2.7 研究区主要人工牧草适宜种植区域分布 ··· 17

3 典型站点参考作物腾发量计算及其影响因素 ··· 19
　3.1 参考作物腾发量计算方法简介 ·· 19
　3.2 典型站点 ET_0 变化趋势及其影响因素 ·· 19
　3.3 区域 ET_0 变化趋势及其影响因素 ·· 63

4 全国牧区参考作物腾发量时空变异分析 ·· 64
　4.1 内蒙古及周边牧区 ET_0 时空变异性分析 ·· 64
　4.2 新疆牧区 ET_0 时空变异性分析 ··· 77
　4.3 青藏高原牧区 ET_0 时空变异性分析 ·· 83
　4.4 全国牧区 ET_0 时空变异性分析 ··· 100

5 全国牧区主要人工牧草作物系数 ·· 102
　5.1 内蒙古及周边牧区 ·· 102
　5.2 新疆牧区 ··· 108
　5.3 青藏高原牧区 ··· 110

6 灌溉人工牧草需水量和需水规律研究 ········· 112
6.1 内蒙古及周边牧区 ········· 112
6.2 新疆牧区 ········· 131
6.3 青藏高原牧区 ········· 136

7 全国牧区灌溉人工牧草综合节水技术 ········· 140
7.1 内蒙古及周边牧区 ········· 140
7.2 新疆牧区 ········· 147
7.3 青藏高原牧区 ········· 154

8 结论 ········· 157
8.1 全国牧区灌溉人工牧草种植区域适宜性 ········· 157
8.2 全国牧区 ET_0 影响因素及时空变异性 ········· 158
8.3 全国牧区主要人工牧草需水量和需水规律 ········· 158
8.4 全国牧区灌溉人工牧草综合节水技术模式 ········· 159

参考文献 ········· 160

1 概　　论

1.1 研究背景与意义

我国牧区占国土面积的 45.1%，牧区草原面积占全国草原面积的 65%，是我国主要江河的发源地，是水源涵养区及主要生态功能区的主体，在国土空间开发中具有重要战略地位。草原是我国最大的陆地生态系统和重要的绿色生态屏障，全国草原面积 58.9 亿亩，可利用草原面积 49.6 亿亩，其中牧区草原面积 38.25 亿亩，可利用草原面积 32.23 亿亩。目前，我国草原超载过牧严重，草原畜牧业的掠夺式经营导致了草原退化加剧、沙化严重、生态失衡，加之牧区灾害频繁，防灾抗灾能力薄弱，致使我国草原畜牧业生产始终处于脆弱的草原生态环境之中。加强草原生态保护与建设是党中央和国务院为实现我国社会、经济可持续发展做出的重大战略决策，是国家生态建设与保护的重要内容。发展牧区水利，建设灌溉饲草料地，构建种植、放牧、饲养相结合的集约化、规模化、社会化和专业化现代草原生态畜牧业发展模式，是保护我国草原生态、促进牧区经济社会科学发展的必然选择。

我国农牧业用水量约占总用水量的 60%，一般发达国家用水比例在 50% 以下，农业用水存在用水量过大、效率低下等问题。农牧业节水的最大潜力在田间，通过各种田间节水措施提高作物水分生产效率是节水农业发展的关键，也是节水灌溉发展的基础。田间是水分转化的场所，灌溉水输送到田间转化为土壤水后才能为作物所利用，最终转化为经济产量。作物吸收的水分中仅有 1%～2% 用于植物器官的形成，其他绝大部分水分以叶片蒸腾和棵间蒸发的方式向大气散失，因此田间蒸发蒸腾耗水是农牧业生产耗水的主要形式。因此，作物需水量的精确计算与预测是提高农业水资源效率特别是提高农田灌溉管理的一个重要环节。而 ET_0（参考作物腾发量）是估算与预测作物需水量的关键参数，ET_0 的研究使作物需水量的计算有了统一的基础。近几十年来气候发生明显变化，ET_0 也必然会随之发生变化，其变化趋势如何将直接影响到水资源评价和水资源的供需调配。作物需水量研究对水的生产力和节水灌溉意义重大，加强物需水量研究是农牧业可持续发展迫在眉睫的任务。

草原不仅是牧区人民赖以生存和发展的基础性物质资源，而且是我国重要的天然生态屏障。党和政府十分重视草原生态保护工作和牧区水利建设；2010 年中央 1 号文件、2011 年中央 1 号文件、《国务院关于促进牧区又好又快发展的若干意见》中提出建设节水高效灌溉饲草料地；国家 2011～2013 年实施的禁牧与草畜平衡补助政策需要建设发展节水高效灌溉饲草基地，种植优良的人工牧草；党的十八大提出把经济、政治、文化、社会、生态五位一体作为现代化建设的总体布局，强调要把生态文明建设的价值理念方法贯彻到现代化建设的全过程和各个方面，建设美丽中国。2014 年水利部编制完成《全国牧区水利发展规划》，其中节水灌溉饲草料地建设是规划的主要内容。因此,本书为人工牧草的灌溉制度制定和灌溉人工草地的建设提供了重要的参考价值,同时对缓解水资源的供需矛盾,促进水资源—生态—经济—社会复合系统良性循环以及实现流域农牧业可持续发展具有重要的科学意义。

1.2 国内外研究进展

1.2.1 ET_0 估算方法

自19世纪初美、英、法、日、俄等国就开始采用简单的筒测与田测法对比,进行作物腾发量的观测。关于蒸散的研究最早可以追溯到1802年的道尔顿风速定律,为近代蒸散理论的创立奠定了坚实基础。在过去的30多年时间里,有关测定和估算田间作物腾发量的方法研究取得较大进展。参考作物腾发量(ET_0)的概念由彭曼于1948年首先提出。1979年FAO(联合国粮农组织)对其进行了定义,并推荐使用修正彭曼公式。1998年FAO推荐Penman-Monteith公式作为计算 ET_0 的唯一标准方法。

ET_0 的估算方法大致可划分为蒸渗仪测定、蒸发皿估测以及利用气象观测数据通过公式计算等3种途径。利用气象数据通过公式计算 ET_0 的方法又可归纳为经验公式和理论分析两类。经验公式中常采用辐射、温度、水汽压、相对湿度、风速及日照时数等气象观测数据作参数,按照某种与 ET_0 的经验函数关系进行估算。理论公式法主要有修正Penman法和Penman-Montieth方法等。Penman-Montieth方法是目前世界范围内被广泛采用的计算 ET_0 的方法,不少学者采用该方法对参考作物腾发量进行了研究。

国外的研究主要集中在 ET_0 计算公式的创新与修正以及作物系数、修正系数计算等方面。联合国粮农组织FAO在1977年推荐使用经修改的Penman公式(FAO-24)来确定参考作物腾发量,首次充分利用了参考作物腾发量和作物系数的概念。但其需要修正昼夜风速修正系数,使用不便。FAO和ICID认为有必要规范 ET_0 计算方法。在1990年3月意大利罗马举行的作物需水量计算方法研讨会上推荐使用FAO Penman-Monteith 近似式,作为定义牧草 ET_0 和确定作物系数 K_c 的基本方法。Penman-Monteith方法不需要专门的地区修正和风函数等,使用一般气象资料即可计算 ET_0 值,实际应用价值较高,在世界范围内广泛应用。

国内在 ET_0 估算方面的研究多是基于国外的计算公式进行地区性修正或应用比较,近年来利用遥感等技术进行 ET_0 的估算也得到了广泛应用。茆智自1980年以来开始长时间的对作物充分供水和水分胁迫条件下作物需水量、作物系数及土壤水分修正系数的变化规律进行研究。王健等(2002年)通过实测,分析了蒸发皿系数的变化规律,并利用蒸发皿法估算了作物农田蒸散量。佟长福等(2004年)充分利用 ET_0 区域信息的特征,采用Kriging无偏最优估计方法对区域信息进行最优估计,并据此绘制了参考作物 ET_0 最优等值线图。王新华等(2006年)在西北干旱区分别应用Hargreaves公式和Penman-Monteith公式计算 ET_0,并进行了比较分析。在GIS方面的应用,徐新良等(2004年)应用Penman-Monteith公式和GIS的空间分析功能,通过建立区域 ET_0 的空间分布模型计算了我国东北地区自20世纪90年代以来 ET_0 的时空变化特征。武夏宁等(2006年)对水均衡中采用不同时间和空间尺度时的蒸散发估算结果进行了比较分析,以区域平均埋深和累积生长度日为变量,建立综合因子,结合 ET_0 建立了区域蒸散发的估算模型。

这些方法尽管考虑了复杂地形的某些因素对作物需水量的影响,严格来说得到的大多是某种作物在某一栅格内的作物需水量,如果要得到整个区域的作物需水量,还必须得到土地利用情况和作物种植结构等基础数据。特别是在我国,近几年随着城市化进程的加快和作物种植结构布局的调整,土地利用情况和作物种植结构变化很大,要想快速获取这些资料,就必须利用遥感影像及时提取相关信息。

遥感技术的迅速发展以及与地面微气象的结合,为大面积 ET_0 的估算提供了新途径,是区域蒸发量研究最有前景的方法。但是这种方法在区域资料的获取中存在一定难度,且技术上也有待提高。遥感技术在区域,特别是在下垫面较复杂的区域运用精度往往达不到实际要求。

1.2.2 ET_0 变化特征及影响因素

很多科技工作者都进行过 ET_0 随时间变化规律方面的研究,许多研究表明我国大部分地区的 ET_0 呈现减少趋势,这些研究还从气候影响因子角度探讨了 ET_0 减少的原因。倪广恒等(2006 年)分析了中国不同分区、不同时段 ET_0 的变化情况,得出在干旱地区、半干旱地区和半湿润地区 ET_0 呈减少趋势,认为在同纬度地区 ET_0 与太阳辐射(日照时数)最为相关的结论。张淑杰等(2006 年)通过对辽宁省 1981~2006 年间 18 个代表站点常规气象资料分析,建立了不同供水条件下农田蒸发量的模拟模型,并分析了辽宁省不同地区农田蒸发量的变化情况。白薇等(2006 年)利用 SQL Server 2000 数据库服务器存储数据,同时利用 GIS 软件 Arcmap 9.0 对山西省 ET_0 进行时间和空间上的分析。任玉敦等(2007 年)对北京昌平、开封惠北及湖北团林 3 个灌排试验站的近几十年 ET_0 年际变化规律及其机理进行了研究,结果表明惠北及团林试验站年均 ET_0 在近几十年呈现随时间下降的趋势,而昌平试验站年均 ET_0 则随时间上升,ET_0 的变化是由于气象环境变化所引起,其中相对湿度是最主要的原因。赵秀芳等(2008 年)以 1972~1991 年的气象资料为依据,利用 Penman-Monteith 公式计算了额济纳绿洲 20 年的 ET_0,分析了不同月份 ET_0 的变化特性,并用平均气温和水面蒸发量和 ET_0 进行回归分析。黄会平等(2015 年)对 1957~2012 年中国参考作物蒸散量时空变化及其影响因子进行了分析,得出影响潜在蒸散量的因子中热力学为首要因子,其次为水分因子、辐射因子、地理因子、空气动力学因子和高程因子。佟长福(2016 年)对新疆维吾尔白治区 ET_0 的时空变异性进行了研究。佟长福(2018 年)对内蒙古自治区 ET_0 的时空变化进行了研究。

上述研究均对 ET_0 的变化趋势进行了分析,并找出所研究地区影响 ET_0 的气象因素。从以上分析中可以看出,除任玉敦所述的昌平试验站年均 ET_0 随时间上升外,其余各地区的 ET_0 均呈现随时间下降的趋势;影响因素分析则表明不同地区其影响因素也有所不同,其中大部分地区是受太阳辐射的影响。

1.2.3 灌溉人工牧草需水量和需水规律

我国草地灌溉始于 20 世纪 60 年代,目前已成为牧区水利发展与生态保护建设的重要组成部分,主要针对草地灌溉的关键技术问题,先后开展了披碱草、紫花苜蓿、苏丹草、青贮玉米和饲料玉米等人工饲草料作物以及天然牧草群落需水规律与需水量研究,推进了我国人工和天然草地需水量研究进展。荣生邦等(1993 年)对我国荒漠草原灌溉条件下的披碱草、紫花苜蓿、苏丹草等人工牧草的需水量与需水规律进行了较为详细的研究。郭克贞等（1999年）从牧草水分生理生态的角度，在分析人工牧草耗水特性的基础上，研究确定了人工牧草的经济耗水量阈值指标。朝伦巴根等（2005年）采用作物系数法和能量平衡法相耦合的模型研究了作物蒸散发、双涌源能量分配与交换关系和人工牧草需水量计算的作物系数。佟长福（2007年）对毛乌素沙地灌溉人工牧草土壤水动态及需水量进行了研究。刘树华等（2007年）利用土壤—植被—大气系统水分散失耦合模式对干旱、半干旱区蒸散过程进行了模拟研究。刘艳伟（2008年）对浑善达克沙地天然羊草群落需水规律与GSPAC系统水分动态进行了研究；王文科（2010年）采用MODIS遥感数据对格尔木地区的蒸散量进行了研究。达日玛（2011年）利用遥感手段对内蒙古河套灌区蒸散发量进行了研究。郑淑欣（2013年）对宁夏中部干旱带10个苜蓿品种在不同水分条件下苜蓿耗水量规律、草产量等方面进行了研究。

国外作物需水量的计算方法有很多，概括起来主要有四类：第一类是通过田间试验来确定作物需水量与其影响因素之间的关系，可直接计算出作物需水量的方法，属于经验公式类方法；第二类是通过公式计算作物腾发量ET_0，再根据作物的实际情况确定作物系数和土壤水分修正系数后，计算实际作物需水量的半经验方法；第三类是借助计算机技术、实验仪器、GIS、遥感、遥控技术分析作物需水量；第四类是通过建立数学模型预测作物需水量。国内外对草地的需水量计算方法至今还未有大家公认的、较为可靠的并具有明确物理意义和生物学意义的方法。草地需水量的计算和农作物一样，主要是草地可能蒸散量的计算和草地蒸散系数的计算。Bowen（1926年）通过地表能量平衡方程提出了计算蒸发量的波文比-能量平衡法。Penman（1948年）提出以人工牧草为对象的估算作物需水量的参考作物法。W. Larcher早在1978年通过收集不同气候区植物群落地段水分消耗的研究成果，分析确定了各类人工和天然林地、草原、荒漠植被的蒸腾耗水量。

上述研究是针对某个小区域研究所得出的成果，而本书在内蒙古及周边干旱半干旱区、新疆内陆干旱区和青藏高寒草原区三个区域进行研究，除了近些年的研究成果外，还需进一步研究适合该区域的ET_0计算方法和灌溉人工牧草的K_c（作物系数）值，进而研究区域的需水量及其变化规律。

1.2.4 灌溉人工草地综合节水技术

随着全球性水资源供需矛盾的日益加剧，世界各国，特别是发达国家都把发展节水高效农业作为现代农业可持续发展的重要措施。在工程节水、农艺节水、生物节水和用水管理节水等各方面均有较深研究，取得了长足进步，同时也十分重视各单项技术的有机结合与集成。

埃及、巴基斯坦、斯里兰卡、印度等经济欠发达国家，受社会经济与技术水平的限制，主要采用工程节水与农艺节水相结合的农业节水技术发展模式，而美国、以色列、日本、澳大利亚等经济发达国家，在农业生产实践中，把提高灌溉（降）水的利用率、单方水的利用效率、水资源再生利用率作为研究重点和主要目标，在采用工程节水和农艺节水技术措施的基础上，十分注重对生物节水技术和用水管理节水技术的研究与应用；在研究农业高效用水基础理论上，将生物、信息、计算机、高分子材料等高新技术与传统的农业节水技术相结合，提升农业高效用水技术的科技含量，建立适合国情的农业高效用水技术体系，加快由传统的粗放农业向现代化的精准农业转型的进程，构建现代农业高效用水技术发展模式。

近年来，开展的灌溉人工牧草节水灌溉技术研究，主要以人工牧草优质高产为目标，以土壤水分高效利用为核心，以调控土壤水分技术为关键，考虑农牧措施综合集成，开展了人工牧草节水灌溉技术的研究。其中节水灌溉技术主要包括滴灌、微灌、喷灌、管灌等工程节水措施，通常这些工程措施在牧区草地灌溉中都有不同程度的运用，并且随着监测技术、通信技术、自动控制技术等的发展，节水灌溉系统逐步向自动控制方向发展。

1.3 研究区概况

1.3.1 自然概况

1. 地理位置

我国牧区主要位于西部和北部。其范围西起新疆帕米尔高原的克孜勒苏柯尔克孜自治州的阿克陶县，东至黑龙江省三江平原的同江县，北起内蒙古呼伦贝尔市的额尔古纳市，南至四川省凉山彝族自治州的会理县。

2. 地形地貌

我国牧区地处祖国西部和北部，是欧亚大陆内陆区的组成部分，太平洋板块、印度次大陆板块与中国大陆板块的相互挤压作用形成我国西北牧区大面积高原和一系列山地。东西向的天山、昆仑山、阿尔金山、喜马拉雅山、阴山、燕山，南北向的贺兰山、六盘山、横断山，北西走向的祁连山、阿尔泰山，北东走向的大兴安岭等一系列大型山脉构成了我国牧区的基本框架。框架网格中有高原、盆地、丘陵、平原，形成了我国牧区各种不同的自然景观。结合国家水利区划，牧区大致可分为内蒙古草原牧区、东北山丘平原牧区、黄土高原牧区、西北内陆牧区和青藏高原牧区。

（1）内蒙古草原牧区

内蒙古草原牧区东起大兴安岭西麓，西至乌拉特高原，南起阴山、燕山山脉，北与蒙古国接壤，包括内蒙古中东部及河北坝上地区。该区海拔 500～1 000 m，地势南高北低，呈缓坡状起伏高原面。

（2）东北山丘平原牧区

东北山丘平原牧区位于大兴安岭东麓的东北三省西部，和内蒙古东部的科尔沁沙地连成一片。总的地形是西高东低，自西向东从倾山丘陵盆地向平原过渡。大致可分为北部、中部和西南部三种地貌。该区海拔 100～2 000 m，地势南高北低，呈缓坡状起伏高原面。

（3）黄土高原牧区

黄土高原牧区系指内蒙古阴山以南，包括山西右玉县、宁夏牧区三县、甘肃陇中东部牧区，属我国黄土高原的西部地区。海拔 1 000～2 000 m，厚度几十米乃至几百米的第四纪黄土覆盖在起伏不平的基岩上，形成以塬、梁、峁为代表的黄土地貌。

（4）西北内陆区

西北内陆牧区位于贺兰山以西，昆仑山以北，包括阿拉善高原、河西走廊、柴达木、准噶尔、塔里木等大型盆地以及阿尔泰山、天山、祁连山、阿尔金山等断块山系,其宏观轮廓地貌异常清晰,具有干燥区独具的地貌特征。该区海拔 1 000~5 000 m。

(5)青藏高原牧区

青藏高原牧区位于昆仑山以南,喜马拉雅山以北,平均海拔 4 000~5 000 m,高峰多在 6 000 m 以上,有世界屋脊之称。东西走向的昆仑山、唐古拉山、巴颜喀拉山、阿尼玛卿山,南北走向的横断山以及弧形山系喜马拉雅山、冈底斯山构成了青藏高原独特的地形地貌。大致可分为藏北高原、藏南谷地、川西高原和甘南高原。

3. 气候资源

我国牧区气候的显著特点是大陆性气候强,海洋性气候弱。东西走向和南北走向的高大山系对东南输入的水气有阻挡和抬升作用,加之牧区远离海洋,东南和西南季风不易到达,缺乏水气来源,绝大部分地区年降水量在 200 mm 以内,蒸发量在 1 000 mm 以上,形成了大面积的干旱和极干旱气候。总的特征表现为冬季寒冷漫长,夏季炎热短促,年平均气温低,温差大,有效积温高,降水少,蒸发大,气候干燥,日照充足,多风沙,干旱、风、雪、寒潮、霜冻、冻雹等自然灾害频繁。

牧区多年平均降水量由东南向西北递减。除大兴安岭、松辽平原东部、川西高原、青海南部、西藏东南地区以及祁连山、阿尔泰山、天山山地降水量大于 400 mm 外,其余地区均小于 400 mm。松辽山丘平原区年降水量在 400 mm 左右,内蒙古东部高原、黄土高原、青海东南部、西藏中部平均降水量 300 mm 左右。内蒙古中部、河西走廊、藏北高原平均降水量在 200 mm 左右。内蒙古西部、柴达木、塔里木、准噶尔盆地周围多年平均降水量在 100 mm 以下,盆地腹部多在 50 mm 以下,柴达木、塔里木盆地中心最小在 25 mm 以下,降水日数不足十天。降水量最大的地区分布在藏南错那一带,达 3 000 mm 以上;其次是川西南达 1 000 mm 左右,天山西段、阿尔泰山山地达 800 mm,祁连山山地为 600 mm,是牧区降水量较多的地区。

牧区多年平均水面蒸发量在 600~2 400 mm 之间,绝大部分地区的水面蒸发量在 1 200 mm 以上。蒸发量的分布大致与降水量的分布相反。蒸发量的高值区主要分布在内蒙古西部、甘肃河西走廊以北、青海的柴达木盆地、新疆的准噶尔、塔里木盆地以及雅鲁藏布江以北的广大藏北高原地区,其水面蒸发量为 1 600~2 400 mm,干旱指数均在 7 以上,柴达木盆地的干旱指数可达 100 以上。

牧区多年平均气温在 −5~14 ℃ 之间,其变化规律由东北向西南逐渐升高,仅西藏地区由西北向东南逐渐升高。日照时间长,光能资源丰富。日照时间多在 2 000~3 500 h,日照时数的地区分布以西部和北部最多,东北部次之,东南部最少。太阳总幅射量多年平均变化在 110~160 kcal/(cm²·a) 之间,其分布以西南部位高,东北部位低。一般盆地高于山地,高原高于平原。最高的西藏西南部昆沙,太阳总幅射量达 262.9 kcal/(cm·a),新疆西北部为 140 kcal/(cm²·a),川西和内蒙古东部只有 110~140 kcal/(cm²·a),是牧区的低值区。年平均风速在 3 m/s 左右,风季风力通常在 5~6 级。大风区主要分布在牧区西部、北部,一般是沙漠、戈壁、高原多,丘陵地区少,高山峡谷多,中低山区少,冬、春两季多,夏、秋两季少。

4. 土壤类别

牧区土壤植被的类型及分布,在大的区域内相应于生物气候带呈地带性特征,在小的区域内与地理位置、地形、地质、水文地质条件等密切相关。牧区地带性土壤类型自东向西依次为黑土、黑钙土、栗钙土、棕钙土、灰钙土、灰漠土、灰棕漠土、棕漠土,植被的分布亦随土壤的变化自东向西依次为森林草原、草甸草原、半干旱草原、干旱草原、荒漠草原、草原化荒漠和荒漠植被。土壤类型的垂直变化随海拔高度的升高自下而上依次有灰漠土、棕钙土、山地栗钙土、灰色森林土、高山草甸土、高山草原土、高山荒漠土。植被亦自下而上为荒漠、干旱草原、草甸草原、森林草原、高山草原、高山荒漠植被。土壤类型按其形成的特点,地带性土壤主要有草原土壤、高山土壤和荒漠土壤;非地带性土壤主要有风沙土和盐碱土;森林土壤和水成土壤等也有一定的分布。

5. 草地类型

根据草地的自然特性与经济特性,牧区草地类型:温性草甸草地,主要分布在东北松嫩平原和内蒙古东部大兴安岭东西两侧及南端丘陵平原,西部的阿尔泰山和伊犁地区也有温性草甸草地分布;温性典型草地,主要分布于松嫩平原、内蒙古高原中东部及祁连山、阿尔泰山、伊犁等山地;温性荒漠草地,主要分布在内蒙古高原草原带的最西侧,与荒漠类草地毗邻;高寒草地,在我国青藏高原上具有水平地带性的分布,天山、昆仑山和祁连山各大山地垂直带上均有分布;温性草原化荒漠草地,集中分布在内蒙古乌兰察布市的中西部高平原和新疆准噶尔盆地北缘至阿尔泰山山前倾斜平原上,在伊犁地区也有分布;温性荒漠草地,主要分布在我国西北部干旱荒漠地区,是我国主要的骆驼、山羊、裘皮羊生产基地;高寒荒漠草地,主要分布在高山和青藏高原山地;低地草甸草地,在不同的植被气候带都有分布,多分布在平原低地、山间谷地、河漫滩等地区;山地草甸草地,主要分布在各大中山地的森林带或森林上部的亚高山带内;高寒草甸草地,集中分布在我国重点牧区的甘孜、阿坝、甘南和青海环湖东南部,在新疆的阿尔泰山、天山也有分布;沼泽类草地,集中分布在四川省阿坝的江原、若尔盖两县境内和东北三江流域。此外,还有暖性草丛、暖性灌草丛、热性草丛和热性灌草丛4类。

1.3.2 水资源状况

1. 水资源

根据《全国牧区水利发展规划》(2014年),地表水资源总量为4 659.6亿 m^3,不重复地下水资源量为222.0亿 m^3,水资源总量为4 881.6亿 m^3。各分区见表1-1。

表1-1 水资源量评价结果

分 区	地表水资源量 (亿 m^3)	不重复地下水资源量 (亿 m^3)	水资源总量 (亿 m^3)
内蒙古及周边牧区	357.1	184.0	541.1
新疆牧区	498.6	24.0	522.6
青藏高原牧区	3 803.9	14.0	3 817.9
合 计	4 659.6	222.0	4 881.6

我国牧区水资源量分布十分不均,牧区水资源总量占全国的20.1%,且78.2%的水资源量主要分布在占牧区面积46.8%的青藏高原牧区,但其开发利用困难,水土资源不匹配。其他牧区主要分布在干旱、半干旱地区,气候干旱少雨,水资源量仅占牧区总水资源量的21.8%,造成牧区生态十分脆弱。而我国的主要牧区省份内蒙古自治区和新疆维吾尔自治区水资源条件较差,水资源量仅占牧区水资源量的17.6%。

2. 河流水系

我国牧区河流分为外流河和内陆河两大水系,其界线大致沿大兴安岭南端向西南经阴山、贺兰山、祁连山、巴颜喀拉山、唐古拉山、念青唐古拉山、冈底斯山直至西端国境,此线以东以南基本为外流河区域,以西以北除额尔齐斯河向北经俄罗斯流入北冰洋外,均为内陆河区域。外流河区域面积约为 174×10^4 km², 内陆河区域面积约为 242×10^4 km², 分别占牧区总面积的41.8%和58.2%。牧区地表水多年平均径流量为4 652.46亿 m³,径流深111.8 mm,75%保证率的多年平均径流量有3 688.1亿 m³,径流深88.7 mm。由于局部地区的气候、地形等条件的特殊,在外流河区域内,有小面积的闭流区,如嫩江中下游的沿河洼地,鄂尔多斯高原北部,藏南高原上的一些湖盆地等。

1.3.3 草原畜牧业

研究区可利用草原面积32.23亿亩,占牧区草原总面积84.0%。可利用草原面积主要分布在青藏高原牧区、新疆牧区、内蒙古高原牧区,分别占牧区可利用草原总面积的50.3%、15.7%和14.8%,牧区草原面积分布见表1-2。

表1-2 牧区草原面积分布

分 区	草原面积 (亿亩)	可利用草原面积 (亿亩)	占可利用草原 总面积的比例
内蒙古及周边牧区	13.38	10.97	34%
新疆牧区	6.05	5.04	15.7%
青藏高原牧区	18.83	16.22	50.3%
合 计	38.25	32.23	100%

我国草原牧区的自然条件比较恶劣,气候寒冷,风大沙多,无霜期短,生态脆弱;草原面积虽然广阔,但由于掠夺式经营导致草原退化,草原生产能力降低,牧民的生活条件和牲畜的生存条件十分恶劣;畜牧业基础设施建设滞后;牧民接受教育程度低,生产经营方式转变困难;畜牧业生产实用技术缺乏,仍没有摆脱靠天养畜的局面。此外,我国牧区灌溉饲草料地的发展受水资源条件的严重制约。

1.4 研究目标

针对灌溉人工牧草需水量和综合节水技术进行研究,在分区域(内蒙古及周边牧区、新疆牧区、青藏高原牧区)进行 ET_0 计算和 K_c 值确定的基础上,研究 ET_0 变化特征及影响因素;提出了主要人工牧草需水量和需水规律及其综合节水技术。研究成果为全国牧区主要人工牧草灌溉制度制定、行业用水定额编制与灌溉人工草地建设与管理,以及新形势下水利工程规划设计、水资源评价和综合开发利用、农牧业宏观决策提供参考和依据,对制定科学合理的农业用水总量、提高农业用水效率和缓解水资源供需矛盾具有十分重要的现实意义。

1.5 研究内容

1.5.1 灌溉人工牧草适宜种植区域

在全国牧区人工牧草种植情况实地调研与资料收集基础上,选取种植较多、分布广泛的6种人工牧草,根据不同牧草的适宜气候特征,结合人工牧草灌溉试验成果,提出全国牧区主要灌溉人工牧草适宜种植区域。

1.5.2 ET_0 计算以及其气候影响因素分析

在内蒙古及周边牧区、新疆牧区和青藏高原牧区,研究 ET_0 分区变化特征及影响因素,分析不同牧区 ET_0 的时空变异性,揭示全国牧区 ET_0 时空变化规律。

1.5.3 全国牧区主要灌溉人工牧草需水量和需水规律

基于大量试验研究,结合相关成果资料,确定不同区域主要人工牧草(紫花苜蓿、青贮玉米、披碱草、燕麦、青稞以及饲料玉米)K_c 值、需水量和需水规律。

1.5.4 全国牧区典型人工牧草适宜的节水高效综合技术

总结不同分区高效节水灌溉工程技术、农艺配套技术等已有单项成果,提出不同区域典型灌溉人工牧草适宜的节水高效综合技术。

1.6 技术路线

1.6.1 研究区划分

根据自然地理状况、草原类型和流域水土资源条件,将研究区分为内蒙古及周边牧区、新疆牧区、青藏高原牧区。研究区总面积 432.6×10^4 km^2,占国土总面积的 45.1%,包括内蒙古、新疆、西藏、青海、四川等13个省(自治区)的268个牧区和半牧区县(旗、市)以及新疆生产建设兵团的69个团(场),是我国主要江河的发源地,是水源涵养区和国家重点生态功能区。大部分牧区年平均温度-3~5 ℃,≥10 ℃的积温 1 600~3 300 ℃,干燥度 1.0~4.0,多年平均降水量为 50~450 mm。

1. 内蒙古及周边牧区

位于内蒙古自治区以及周边的黑龙江省、吉林省、辽宁省、河北省和山西省部分地区共计 106 个牧区半牧区县(旗、市),面积 137.2×10^4 km^2,占全国牧区总面积的 31.7%。多年平均降水量 250~450 mm,境内东部区域河网较发育,多湖泊、沼泽地,平原区草原植被较好,低山丘陵区沟壑纵横;西部区域主要地貌单元有阿拉善高原、河西走廊和黄土高原,分布有巴丹吉林沙漠、腾格里沙漠、乌兰布和沙漠。土壤主要黑钙土、黑土、灰钙土等类型,草原类型属草甸草原、典型草原和荒漠草原。

2. **新疆牧区**

位于新疆维吾尔自治区境内的伊犁河、额尔齐斯河、额敏河等外流河及新疆内陆河流域,包括新疆的 37 个牧区半牧区县(市)以及新疆生产建设兵团的 69 个牧区半牧区团(场),面积 93.2×10^4 km^2,占全国牧区总面积的 21.5%。多年平均降水量 50~400 mm,自南向北分布有昆仑山、天山、阿尔泰山三大山系,中间是塔里木和准噶尔两大盆地,盆地中央分别是塔克拉玛干、古尔班通古特两大沙漠。境内各大山系现代冰川发育,是众多内陆河水系的主要补给源,土壤主要为荒漠草原土壤(含灰漠土、灰棕土等)类型,草原类型以草甸草原、典型草原和荒漠草原为主。

3. **青藏高原牧区**

位于雅鲁藏布江、长江、黄河、澜沧江以及西南诸河流域,包括西藏自治区、青海省、四川省西北部以及甘肃省南部、云南省西北部,共计 125 个牧区半牧区县(市),面积 202.4×10^4 km^2,占全国牧区总面积的 46.8%。多年平均降水量 280~1 100 mm,分布有喜马拉雅山、昆仑山、祁连山等主要山系和柴达木盆地,青海湖等内陆湖泊点缀其间,区内水系发育,中东部为长江、黄河、澜沧江三江源区,土壤主要为荒漠草原土壤(含灰漠土、灰棕土、棕漠土等)类型,草原类型以草甸草原、典型草原和荒漠为主。

1.6.2 技术路线

采用资料收集、调查研究和田间试验的方法,开展全国牧区灌溉人工牧草种植区域适宜性分析、ET_0 影响因素和时空变异性分析、典型人工牧草需水量和典型人工牧草节水高效综合技术研究,提出典型灌溉人工牧草的适宜种植区域,以及全国牧区 ET_0 时空变异特性;研究提出典型灌溉人工牧草的 K_c 值,得出典型灌溉人工牧草需水规律;构建不同区域典型灌溉人工牧草适宜的节水高效综合技术。

2　灌溉人工牧草适宜种植区域研究

通过对我国牧区人工牧草种植情况实地调研、资料收集以及人工牧草灌溉试验成果，选取我国牧区种植较多，分布广泛的 6 种主要灌溉人工牧草，包括紫花苜蓿、青贮玉米、饲料玉米、披碱草、燕麦、青稞。根据灌溉人工牧草适宜的生长条件及研究区域的气候条件、种植习惯等，分析主要灌溉人工牧草的适宜种植区域，为牧区灌溉人工牧草需水规律及等值线图绘制提供基础。

2.1　紫花苜蓿适宜种植条件及区域

紫花苜蓿是蔷薇目、豆科、苜蓿属多年生草本植物，具有适口性好、抗逆性强、产量高、营养成分丰富等特点，被誉为"牧草之王"。优质紫花苜蓿粗蛋白含量很高，品质优，其粗蛋白含量是玉米粗蛋白含量的 2.47 倍，且其蛋白质的氨基酸组成合理，必需氨基酸种类多且含量较大，赖氨酸含量约为玉米的 5 倍，而其他必需氨基酸如精氨酸、组氨酸等为玉米的 2 倍左右。紫花苜蓿生长期一般 5~7 年，高产期一般为 2~5 年。根据我国牧区总体气候条件，适宜种植秋眠品种紫花苜蓿，以下主要介绍秋眠品种紫花苜蓿适宜种植条件。

2.1.1　适宜种植条件

1. 对温度的需求

紫花苜蓿喜温暖半干旱气候，在日平均气温 15~20 ℃，≥10 ℃积温 1 900~3 600 ℃的地区适合生长发育。种子萌发的最适温度为 20 ℃，5~10 ℃萌发速度明显减慢，高于 35 ℃萌发受到抑制；幼苗生长的最适气温为 20~25 ℃，低于 10 ℃或高于 35 ℃时生长十分缓慢；分枝期及其后苜蓿生长发育的最适气温为 15~25 ℃；高于 30 ℃生长变缓或出现休眠，高于 35 ℃常发生死亡；低于 5 ℃地上部生长停滞，低于 -2.2 ℃地上部死亡。越冬期间根冠及休眠芽可耐 -10 ℃，甚至 -30 ℃ 的严寒（因品种而异）；若有积雪覆盖，在极端气温低于 -40 ℃的酷寒地区亦可安全越冬。萌动—返青期苜蓿抗寒性下降，如遇 -8 ℃以下的倒春寒，则将造成冻害。

2. 对水分的需求

紫花苜蓿种子萌发适宜的土壤含水量为田间持水量的 60%~80%。分枝、现蕾、开花和结实时期土壤含水量以田间持水量的 60%~80%为宜；处于淹水状态持续 1 周以上将导致烂根；酸、碱、盐等障碍因子不利于根系生长。

3. 对土壤的需求

紫花苜蓿喜中性或微碱性土壤，以 pH 值 6~8 为宜，不宜强酸强碱土壤。pH 值低于

6时根瘤难以生成，pH值低于5或高于9时根系生长受到强烈抑制。土壤含盐量不宜超过0.3%。

4. 对光照的需求

紫花苜蓿为长日照植物，喜光照，不耐阴。苗期光照不足，生长细弱，甚至死亡。营养生长期，光照充足，干物质积累快。苜蓿整个生育期需2 200 h日照。

2.1.2 适宜种植区域

根据紫花苜蓿的适宜种植条件，我国牧区适宜种植紫花苜蓿为秋眠品种，具有喜温暖半干旱气候，能抗严寒，耗水量大于一般禾本科植物。结合我国牧区气候条件，紫花苜蓿适宜种植区域分布在内蒙古中部地区、西部地区和甘肃河西陇东地区及新疆牧区，其中：内蒙古中部地区每年收获2茬；内蒙古西部地区、甘肃河西陇东地区及新疆牧区收获3茬。

2.2 饲料玉米适宜种植条件及区域

饲料玉米是一年生禾本科草本植物，是重要的粮食作物和重要的饲料来源。主要在我国东北、华北和西南地区种植，大致形成一个从东北到西南的斜长形玉米栽培带。根据种植区域的自然资源特点、种植制度等将玉米种植区域划分为北方春播玉米区、黄淮海平原夏播玉米区、西南山地玉米区、南方丘陵玉米区、西北灌溉玉米区及青藏高原玉米区。我国牧区主要分布于北方春播玉米区、西北灌溉玉米区和青藏高原玉米区，种植一年一熟春玉米。

2.2.1 适宜种植条件

1. 对温度的需求

饲料玉米是喜温的对温度反应敏感的作物，生育期要求总积温在1 800～2 800 ℃。不同生育时期对温度的要求不同，在土壤水、气条件适宜的情况下，种子在10 ℃能正常发芽，以24 ℃发芽最快。拔节最低温度为18 ℃，最适温度为20 ℃，最高温度为25 ℃。开花期对温度要求最高，反应最敏感的时期，最适温度为25～28 ℃。温度32～35 ℃，大气相对湿度低于30%时，花粉粒因失水失去活力，花柱易枯萎，难于授粉、受精。

2. 对水分的需求

饲料玉米需水较多，除苗期应适当控水外，其后都必须满足对水分的要求，才能获得高产。各生育时期耗水量有较大的差异，总的趋势为从播种到出苗需水量少。播种时土壤水分应保持在田间最大持水量的60%～70%，才能保持全苗；出苗至拔节，需水增加，土壤水分应控制在田间最大持水量的60%，为苗期促根生长创造条件；拔节至抽雄需水剧增，抽雄至灌浆需水达到高峰，从开花前8～10 d开始，30 d内的耗水量约占总耗水量的一半。该期间田间水分状况对玉米开花、授粉和籽粒的形成有重要影响，要求土壤保持田间最大持水量的80%左右为宜，是饲料玉米的需水关键期；灌浆至成熟仍耗水较多，乳熟以后逐渐减少。因此，要求在乳熟以前土壤仍保持田间最大持水量的80%，乳熟以后则保持60%为宜。

3. 对土壤的需求

饲料玉米对土壤条件要求并不严格,可以在多种土壤上种植。但以土层深厚、结构良好,肥力水平高、营养丰富,疏松通气、能蓄易排,近于中性(pH 值 6.5~7),水、肥、气、热协调的土壤种植最为适宜。

4. 对光照的要求

饲料玉米是短日照作物,喜光,全生育期都要求强烈的光照。出苗后在 8~12 h 的日照下,发育快、开花早,生育期缩短,反之则延长。饲料玉米的光饱和点较高,在强光照下,净光合生产率高,有机物质在体内移动得快,反之则低、慢;饲料玉米的光补偿点较低,故不耐阴。

2.2.2 适宜种植区域

我国牧区均位于饲料玉米适宜种植区,但在青藏高原饲料玉米区(包括青海、西藏和四川川西北高原地区),饲料玉米属于新兴农作物之一,种植面积较小,故本次研究仅考虑内蒙古及周边牧区和新疆牧区。其中:内蒙古及周边牧区中呼伦贝尔市和锡林郭勒盟北部旗县无霜期较短,饲料玉米种植较少,以青贮玉米为主。

2.3 青贮玉米适宜种植条件及区域

青贮玉米并不指玉米品种,而是鉴于农业生产习惯对一类用途玉米的统称。青贮玉米是将玉米在籽实的乳熟末期至蜡熟前期收获存放到青贮窖中(即进行青贮),经发酵制成饲料。青贮后的玉米秸秆饲料可以减少营养成分的流失,提高饲料的利用率。一般晒制干草养分会流失 20%~30%,而青贮后的养分仅流失 3%~10%,尤其能够有效地保存维生素。而且青贮饲料柔软多汁、气味酸甜芳香,适口性好,能增进牛、羊食欲,解决冬春季节饲草的不足。饲喂青贮饲料可使产奶家畜提高产奶量 10%~20%。

2.3.1 适宜种植条件

青贮玉米与饲料玉米的适宜种植条件基本相似,但由于青贮玉米比饲料玉米的生育周期短,饲料玉米全生育周期 120~150 d,青贮玉米全生育周期 100~125 d,有些无霜期短的地区可以种植青贮玉米,但无法种植饲料玉米。在饲料玉米种植条件的基础上,要求种植区域的无霜期大于相应品种的生育周期时长。

2.3.2 适宜种植区域

结合实地种植调研情况,黑龙江、吉林、辽宁、内蒙古中西部地区、河北、山西、甘肃等牧区、半牧区以种植饲料玉米为主,青贮玉米种植较少;内蒙古呼伦贝尔市及锡林郭勒盟北部旗县由于无霜期短,以种植青贮玉米为主;新疆青贮玉米种植区域包括乌鲁木齐市、昌吉州、吐鲁番市、巴音郭楞蒙古自治州、阿克苏地区及和田民丰县、克孜勒苏柯尔克孜自治州阿克陶县以及伊宁市。

2.4 披碱草适宜种植条件及区域

披碱草是禾本科披碱草属多年生草本植物,是披碱草属重要的栽培牧草之一。披碱草开花后迅速衰老,茎秆较粗硬,适口性不如其他禾本科牧草。但在孕穗到始花期刈割,质地则较柔嫩,青绿多汁,青饲、青贮或调制干草,均为家畜喜食。其再生草用于放牧,饲用价值也高。如晒制干草,宜在抽穗及开花期刈割,每年刈割一到两次,可维持高产4年左右。其干草营养成分:水分10.5%,粗蛋白质7.5%,粗脂肪2.8%,粗纤维39.7%,无氮浸出物33.8%,灰分5.9%,适口性好。

2.4.1 适宜种植条件

1. 对温度的需求

披碱草为中旱生植物,具有非常广泛适应能力,在平均气温-3~16 ℃、≥10 ℃积温为1 600~3 200 ℃、无霜期100~280 d的地区均可种植,种子适宜发芽温度为8~12 ℃,抗寒性极强,幼苗能耐低温,冬季在-40 ℃的地区能安全越冬。

2. 对水分的需求

披碱草根系发达,能吸收土壤深层水分,叶片具旱生结构,遇干旱叶片内卷成筒状,以减少水分蒸发,增强抗旱能力,从而在干旱条件下仍可获得高产。在年降水量150~600 mm的地区均能种植。对水热条件要求不严。

3. 对土壤的需求

披碱草较耐盐碱,在土壤pH值7.6~8.7的范围内生长良好。具有抗风沙的特性,适于风沙大的盐碱地区种植。分蘖能力强,分蘖数一般可达30~50个,条件好时分蘖数达100个以上。性喜肥,氮肥供应充足时,分蘖数增多,株体增高,叶片宽厚,产量和品质也显著提高。

4. 对光照的需求

披碱草属喜光植物,其对光的适应性较强,无论在强光或弱光条件下,光合特征均比较明显,具有较高的净光合速率、气孔导度和光饱和点,较低的光下暗呼吸速率,反映其无论在弱光或强光条件下利用光能的可塑性较强,对光的利用效率较高。

2.4.2 适宜种植区域

根据披碱草的适宜种植条件,披碱草适种于北半球温带地区,种植面积分布较广。披碱草是长日照作物,喜凉爽湿润,忌高温干燥,生育期间需要积温较低,但不适于寒冷气候。我国披碱草种植区域分布在内蒙古、河北、山西、甘肃、陕西、宁夏、云南、四川、贵州、青海、新疆、黑龙江、辽宁、吉林、西藏等地区。其中牧区主要种植区域分布在内蒙古中部地区、宁夏固原、甘肃省贺兰山、六盘山南麓的定西、临夏等地区。

2.5 燕麦适宜种植条件及区域

燕麦是一年生禾本科燕麦属作物,也称皮燕麦、野麦子,是一种低糖、高营养、高能食品。其叶、秸秆多汁柔嫩,适口性好,秸秆中含粗蛋白 5.2%、粗脂肪 2.2%、无氮抽出物 44.6%,均比谷草、麦草、玉米秆高;难以消化的纤维 28.2%,比小麦、玉米、粟秸秆低 4.9%~16.4%,是最好的饲草之一。其籽实是饲养幼畜、老畜、病畜和重役畜以及鸡、猪等家畜家禽的优质饲料。

2.5.1 适宜种植条件

1. 对温度的需求

燕麦喜凉爽但不耐寒。温带的北部最适宜于燕麦的种植,种子在 2~4 ℃就能发芽,幼苗能忍受-4~-2 ℃的低温环境,在麦类作物中是最耐寒的一种,绝对最高温度 25 ℃以上时光合作用受阻,故干旱高温对燕麦的影响极为显著,这是限制其地理分布的重要原因。中国北部和西北部地区,冬季寒冷,只能在春季播种,较南地区可以秋播,但须在夏季高温来临之前成熟。

2. 对水分的需求

燕麦生长在高寒荒漠区,但种子发芽时约需相当于自身重 65% 的水分。燕麦的蒸腾系数比大麦和小麦高,消耗水分也比较多,生长期间如水分不足,常使籽粒不充实而产量降低。因此燕麦的根茎往往长达 1 m 左右,以便能汲取更多的水分。

3. 对土壤的需求

燕麦对土壤要求不严,在优良的栽培条件下,各种质地的土壤上均能获得好收成,但以富含腐殖质的湿润土壤最佳。燕麦对酸性土壤的适应能力比其他麦类作物强,能耐 pH 值 5.5~6.5 的酸性土壤,但不适宜于盐碱土栽培。

4. 对光照的需求

燕麦为喜光作物,要求光照时间长,在日照时间短的条件下,燕麦发育慢,抽穗晚,植株大而籽粒少,尤其分蘖期和抽穗期对光照比较敏感。

2.5.2 适宜种植区域

根据燕麦的适宜种植条件,燕麦适种于北半球温带地区,种植面积分布较广。燕麦是长日照作物,喜凉爽湿润,忌高温干燥,生育期间需要积温较低,但不适于寒冷气候。我国燕麦种植区域分布在内蒙古、河北、山西、甘肃、陕西、宁夏、云南、四川、贵州、青海、新疆、黑龙江、辽宁、吉林、西藏等地区,其中牧区主要种植区域分布在内蒙古中部地区、河北坝上地区、山西朔州、宁夏固原、甘肃省贺兰山、六盘山南麓的定西、临夏、青海省湟水,以及新疆中西部及云南迪庆、四川凉山、甘孜和阿坝地区、西藏等高海拔地区。

2.6 青稞适宜种植条件及区域

青稞是禾本科大麦属的一种禾谷类作物,内外颖壳分离,籽粒裸露,又称裸大麦、元麦、米大麦,有着广泛的实用和药用价值。同时,饲用价值也很高,青稞籽粒是良好的精饲料,青稞的秸杆是最好的饲草,含蛋白质4%,其茎秆质地柔软,富含营养,适口性好,是高原地区牲畜冬季的主要饲草。青稞生育周期长短因品种类型而异,一般为100~150 d。同一品种在不同海拔高度种植,其生育周期也存在一定差异,随海拔高度增加,气温降低,生育周期则延长。

2.6.1 适宜种植条件

1. 对温度的需求

青稞属耐寒作物。整个生育期均较耐寒冷,平均气温3 ℃以上,≥0 ℃积温为1 200~1 500 ℃的地区可良好生长;在年平均温度仅0.3 ℃、年降水量100 mm的地区仍能完成生长;通常中晚熟品种从播种到蜡熟期需要≥0 ℃积温为1 550~1 626 ℃。青稞耐春寒,籽粒播种后温度达到0~1 ℃即可开始萌芽;气温稳定在15 ℃左右有利于青稞籽粒的充实,以不低于14 ℃为宜;随着气温的下降,青稞籽粒成熟并停止生长,一般在气温降至-2 ℃以下时,籽粒灌浆结束。

2. 对水分的需求

青稞属于耐旱作物,不同生育阶段对水分的需求差别较大。幼苗期气温较低,苗小需水量小;开春植株拔节后,气温回升,生长发育速度加快,需水量逐渐增大;青稞孕穗期需水量较大,此时期若水分不足将影响有效分蘖天性细胞的形成,减低结实率,造成产量下降。青稞生长对水分的需求表现为前后期少、中期多特征,分蘖至抽穗期和开花灌浆期是青稞的需水关键期,这两个时期水分供给不足将严重影响籽粒产量和茎秆高度。

3. 对土壤的需求

青稞种植要求土壤砂、黏度适中,pH值6~7的土壤较适合。

4. 对光照的需求

青稞喜光,是长日照作物。原产于北方高纬度地区的品种对日照长度尤为敏感。

2.6.2 适宜种植区域

根据青稞的适宜种植条件分析,青稞苗期在-4~-3 ℃、甚至-9~-6 ℃的低温的条件下也不至受冻,≥0 ℃的积温为1 200~1 500 ℃即可满足生育期需求,因此是耐寒性强、适应性广、种植海拔最高的粮食作物。其适宜种植区域主要分布在西藏、青海、四川甘孜州和阿坝州、云南迪庆及甘肃甘南等高海拔的青藏高寒地区。

2.7 研究区主要人工牧草适宜种植区域分布

根据选定的6种主要灌溉人工牧草适宜种植条件及适宜种植区域分析,结合我国牧区水资源特点、气候条件及灌溉形式特征,确定主要人工牧草适宜种植区域。

内蒙古及周边牧区的东部区包括黑龙江、吉林、辽宁,内蒙古呼伦贝尔市、通辽市、锡林郭勒盟牧区半牧区县,降水量较多,适宜种植灌溉人工牧草主要为饲料玉米和青贮玉米,农业灌溉属于补充灌溉,地多人少,多采用机械化程度较高的大型喷灌,局部水资源条件较差地区采用滴灌灌溉形式。

内蒙古及周边牧区中西部地区包括内蒙古达茂旗、乌审旗、鄂托克前旗、鄂托克旗、巴彦淖尔市、阿拉善盟,河北,山西,宁夏,甘肃河西陇东地区牧区半牧区县降水量相对较少、水资源条件较差,适宜种植的灌溉人工牧草包括饲料玉米、青贮玉米、紫花苜蓿、披碱草和燕麦,属于灌溉农业区,农业灌溉多采用节水效果较好的滴灌或喷灌形式,部分沿黄灌区利用黄河水畦灌。

新疆牧区主要包括新疆牧区半牧区县及生产建设兵团的牧区团场。在北疆伊犁河、额尔齐斯河等地表水资源条件较好的地区,主要采用地表水畦灌、滴灌。北疆、东疆的昌吉、哈密、吐鲁番等地地表水紧缺,地下水超采严重,主要采用节水效果好的滴灌灌溉形式。南疆地区气候干旱少雨,地表水资源紧缺,地下水相对丰富,地下水灌区以节水效果好的滴灌灌溉形式为主,局部地表水资源条件较好地区采用地表水滴灌或畦灌方式。

青藏高原牧区包括西藏,青海,四川甘孜州、阿坝州和凉山州,甘肃甘南地区及云南迪庆地区。该区地表水资源丰富,但山高水低,水资源开发利用难度大,在水资源开发利用条件较好的地区灌溉方式以畦灌为主。

我国牧区典型区域灌溉人工牧草种植及灌溉形式见表2-1。

表2-1 我国牧区典型区灌溉人工牧草种植及灌溉形式分布

牧区	省、自治区	县市	种植作物					
			饲料玉米	青贮玉米	紫花苜蓿	披碱草	燕麦	青稞
内蒙古及周边牧区	黑龙江	克山县	喷灌					
	吉林	松原市	畦灌					
		双辽市	畦灌					
	辽宁	建平县	畦灌					
		阜新县	畦灌					
		彰武县	畦灌					
	内蒙古	鄂温克旗		喷灌				
		赤峰市	滴灌		喷灌			
		科左中旗	喷灌	喷灌				
		锡林浩特市		喷灌、滴灌				
		正蓝旗		喷灌				

续上表

牧区	省、自治区	县市	种植作物					
			饲料玉米	青贮玉米	紫花苜蓿	披碱草	燕麦	青稞
内蒙古及周边牧区	内蒙古	四子王旗		畦灌	畦灌	畦灌		
		达茂旗		畦灌	畦灌	畦灌		
		达拉特旗	滴灌					
		乌审旗		滴灌	畦灌、喷灌			
		鄂托克旗	畦灌					
		鄂托克前旗	喷灌		喷灌、滴灌			
		磴口县	畦灌、滴灌		滴灌			
		阿拉善左旗	畦灌、滴灌、微喷		畦灌			
	河北	沽源县			畦灌			
		张北县					畦灌	
	宁夏	同心县				喷灌	喷灌	
	甘肃	武威市				滴灌	滴灌	
		张掖市			畦灌			
		民勤县			畦灌			
新疆牧区		福海县			畦灌、滴灌			
		尼勒克县	畦灌					
		哈密市			喷灌			
		巴里坤县			喷灌			
		伊吾县			喷灌			
		农十师			畦灌			
		石河子市			畦灌、滴灌			
青藏高原牧区	西藏	拉萨市					畦灌	畦灌
		当雄县					畦灌	畦灌
	青海	都兰县					畦灌	
	四川	都江堰市	畦灌					
		广元市	畦灌					
		达州市	畦灌					
		遂宁市	畦灌					
		叙永县	畦灌					
	甘肃	甘南					畦灌	畦灌

3 典型站点参考作物腾发量计算及其影响因素

3.1 参考作物腾发量计算方法简介

参考作物腾发量(以下均用 ET_0 表示)为一种假想参考作物冠层的腾发速率,假想作物的高度为 0.12 m,固定的叶面阻力 70 s/m,反射率 0.23,非常类似于表面开阔、高度一致、生长旺盛、完全遮盖地面而不缺水的绿草地的腾发量。可用气象数据计算得到,而 FAO 的 Penman-Monteith 方法被推荐为计算参照腾发速率 ET_0 的唯一标准化方法,公式为

$$ET_0 = \frac{0.408\Delta(R_n - G) + \gamma \frac{900}{T+273} u_2 (e_s - e_a)}{\Delta + \gamma(1 + 0.34 u_2)} \tag{3-1}$$

式中 ET_0——参考作物腾发量(mm/d);
　　R_n——作物顶层的净辐射量[MJ/(m²·d)];
　　G——土壤热通量密度[MJ/(m²·d)];
　　T——2 m 高度处的逐日平均气温(℃);
　　u_2——2 m 高度处的风速(m/s);
　　e_s——饱和水汽压(kPa);
　　e_a——实际水汽压(kPa);
　　$e_s - e_a$——水汽压缺失值(kPa);
　　Δ——水汽压曲线斜率(kPa/℃);
　　γ——湿温计常数(kPa/℃)。

该公式需要标准的气象数据,包括太阳辐射或日照时数、最高和最低气温、空气湿度和风速。为了确保计算的完整性,所以这些气象参数都应在 2 m 高度处测得(或者转换到该高度处的数值),该高度处草类表面广阔,完全覆盖地面并且保证有足够的水分和养分供给。

3.2 典型站点 ET_0 变化趋势及其影响因素

3.2.1 内蒙古典型站点

1. 通辽市 ET_0 变化趋势

(1)日均 ET_0 变化趋势

1951～2013 年 4～9 月日均 ET_0 变化趋势如图 3-1～图 3-6 所示。4 月、6 月、8 月及

9月为增加趋势:增加速率4月为0.03 mm/10 a,6月为0.01 mm/10 a,8月为0.03 mm/10 a,9月为0.08 mm/10 a;5月及7月为减小趋势;减小的速率5月为0.01 mm/10 a,7月为0.04 mm/10 a。

4月日均ET_0变化在2.85～4.84 mm,均值为3.90 mm;5月日均ET_0变化在3.94～6.63 mm,均值为5.36 mm;6月ET_0日均变化在4.16～6.96 mm,均值为5.27 mm;7月日均ET_0变化在3.55～6.13 mm,均值为4.73 mm;8月日均ET_0变化在3.50～5.04 mm,均值为4.14 mm;9月日均ET_0变化在2.65～4.11 mm,均值为3.28 mm。

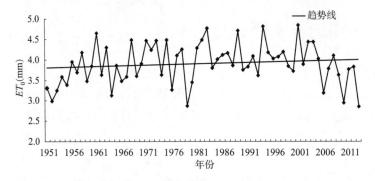

图3-1　通辽市4月日均ET_0变化

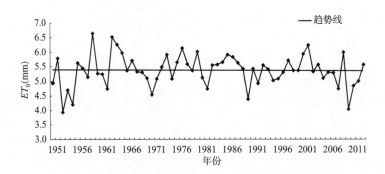

图3-2　通辽市5月日均ET_0变化

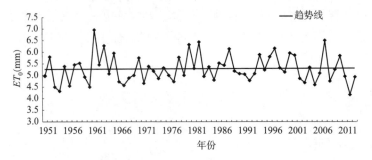

图3-3　通辽市6月日均ET_0变化

3 典型站点参考作物腾发量计算及其影响因素 21

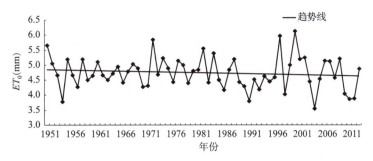

图 3-4 通辽市 7 月日均 ET_0 变化

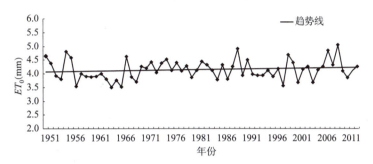

图 3-5 通辽市 8 月日均 ET_0 变化

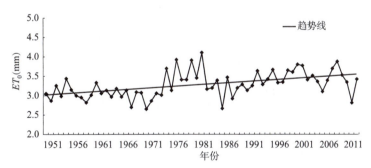

图 3-6 通辽市 9 月日均 ET_0 变化

(2) 月均 ET_0 变化趋势

1951～2013 年 4～9 月月均 ET_0 变化如图 3-7 所示。月均 ET_0 变化呈单峰曲线形状,最大值出现在 6 月,为 158.21 mm;最小值在 9 月,为 98.34 mm;4～9 月均值为 134.23 mm。

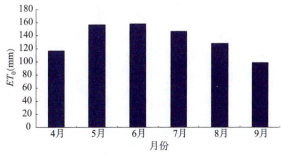

图 3-7 通辽市月均 ET_0 变化

(3)1951～2013年年际ET_0变化趋势

年际ET_0变化趋势如图3-8所示。1951～2013年际间ET_0呈现出增大趋势,以8.94 mm/10 a的速率增加,ET_0值最大为1 187.98 mm,最小为898.75 mm,均值为1 044.56 mm。

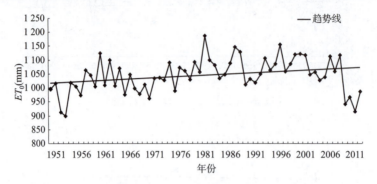

图3-8 通辽市年际ET_0变化

(4)影响因素分析

为明确影响ET_0变化的气候成因,对1951～2013年年际及4～9月ET_0序列与同期温度、日照时数、风速和相对湿度主要气候要素序列的相关关系进行了分析。结果表明,年际ET_0与风速、日照时数及温度呈极显著($\alpha=0.01$)正相关,与年平均相对湿度呈极显著的负相关,见表3-1。

4～9月份ET_0与各气象要素的相关性较为一致,基本均为显著相关,且与日照时数、温度及湿度的相关系数较高,而与风速的相关系数相对较低。

表3-1 通辽市4～9月ET_0影响因素相关关系分析

影响因素	月份						年均
	4月	5月	6月	7月	8月	9月	
风速	0.39**	0.49**	0.47**	0.40**	0.28	0.49**	0.50**
日照时数	0.57**	0.64**	0.58**	0.79**	0.72**	0.44**	0.50**
相对湿度	-0.68**	-0.77**	-0.81**	-0.74**	-0.76**	-0.79**	-0.59**
温度	0.73**	0.54**	0.71**	0.65**	0.51**	0.48**	0.51**

注:** 表示通过$\alpha=0.01$的显著性检验。

对1951～2013年主要气象要素变化分析显示(图3-9),年平均气温总体变化趋势为逐渐增大,上升趋势明显;年平均风速总体呈现下降趋势,但在1971年、1979年可看出明显的突变;年平均相对湿度及年平均日照时数的总体变化趋势均为逐渐下降。由年ET_0与各气候因子的相关关系可知,气温的增加趋势和相对湿度的减小趋势均对ET_0产生增大作用,且其作用强于风速、日照时数减小趋势对ET_0产生的减小作用,故导致ET_0总体呈增加趋势。

3 典型站点参考作物腾发量计算及其影响因素 **23**

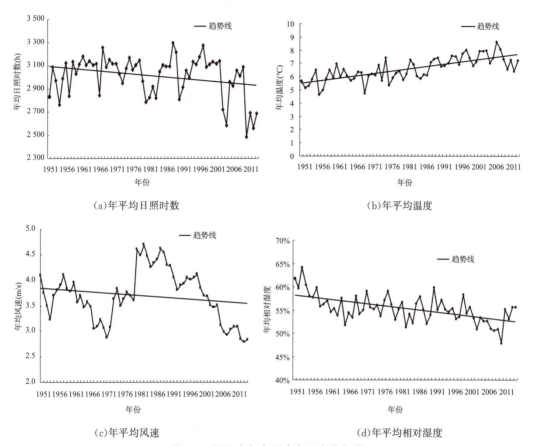

(a) 年平均日照时数　　　　　　　　　(b) 年平均温度

(c) 年平均风速　　　　　　　　　　　(d) 年平均相对湿度

图 3-9　通辽市气象要素年际变化规律

1951～2013 年 4～9 月份各气象要素变化规律如图 3-10 所示。月均温度变化呈单峰曲线形状,7 月最高,4 月最低;月均风速 4～8 月基本呈现逐渐减小的规律,9 月略高于 8 月;月均相对湿度在 4～7 月逐渐增加,7～9 月逐渐减小;月均日照时数在 5 月及 6 月较大,而其他月份相对较小,且差距较大。由 4～9 月 ET_0 与各气候因子的相关关系可知,ET_0 值在 5 月及 6 月较大,日照时数在 5 月及 6 月显著高于其他月份,对 ET_0 值各月份的分布产生一定的作用,ET_0 值 7～9 月的减小认为主要是温度减小所致,而日照时数、风速及相对湿度变化较小。

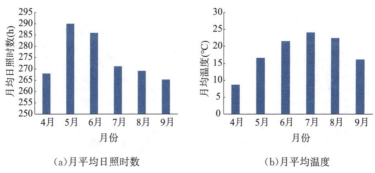

(a) 月平均日照时数　　　　　　　　　(b) 月平均温度

图　3-10

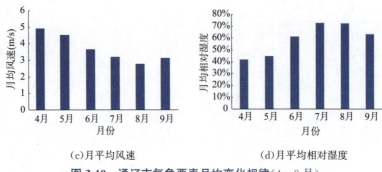

(c)月平均风速　　　　　　　　　　(d)月平均相对湿度

图 3-10　通辽市气象要素月均变化规律(4～9 月)

2. 锡林浩特市 ET_0 变化趋势

(1)日均 ET_0 变化趋势

1953～2013 年 4～9 月日均 ET_0 变化如图 3-11～图 3-16 所示。日均 ET_0 呈现出增加趋势,其中增加趋势分别为 4 月 0.06 mm/10 a,5 月 0.10 mm/10 a,6 月 0.12 mm/10 a,7 月 0.12 mm/10 a,8 月 0.17 mm/10 a,9 月 0.12 mm/10 a。

4 月日均 ET_0 变化在 2.13～4.15 mm,均值为 3.47 mm;5 月日均 ET_0 变化在 3.42～6.04 mm,均值为 5.00 mm;6 月日均 ET_0 变化在 3.98～6.72 mm,均值为 5.31 mm;7 月日均 ET_0 变化在 3.92～6.36 mm,均值为 5.02 mm;8 月日均 ET_0 变化在 3.12～5.34 mm,均值为 4.26 mm;9 月日均 ET_0 变化在 2.35～4.04 mm,均值为 3.18 mm。

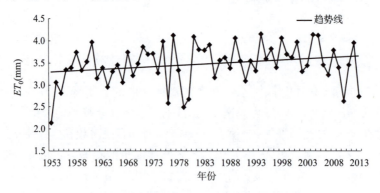

图 3-11　锡林浩特市 4 月日均 ET_0 变化

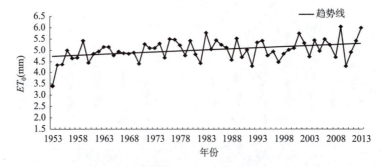

图 3-12　锡林浩特市 5 月日均 ET_0 变化

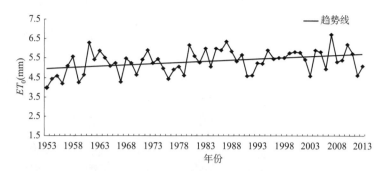

图 3-13 锡林浩特市 6 月日均 ET_0 变化

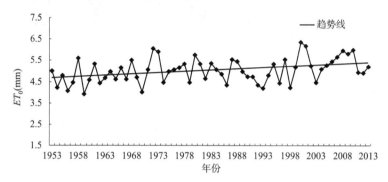

图 3-14 锡林浩特市 7 月日均 ET_0 变化

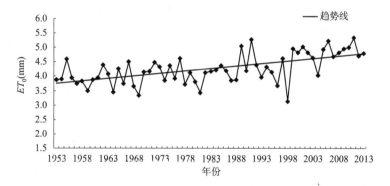

图 3-15 锡林浩特市 8 月日均 ET_0 变化

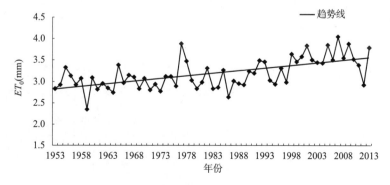

图 3-16 锡林浩特市 9 月日均 ET_0 变化

(2)月均 ET_0 变化趋势

1953~2013 年 4~9 月月均 ET_0 变化如图 3-17 所示。月均 ET_0 变化呈单峰曲线形状,最大值出现在 6 月,值为 159.28 mm;最小值在 9 月,值为 95.41 mm;4~9 月均值为 133.56 mm。

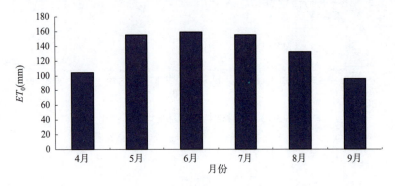

图 3-17　锡林浩特市月均 ET_0 变化

(3)年际 ET_0 变化趋势

1953~2013 年 ET_0 变化趋势如图 3-18 所示。年际间 ET_0 呈现出增大趋势,以 25.06 mm/10 a 的速率增加,ET_0 值最大为 1 085.72 mm,最小为 764.72 mm,均值为 964.87 mm。

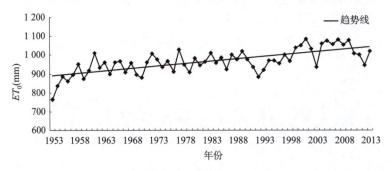

图 3-18　锡林浩特市年际 ET_0 变化

(4)影响因素分析

为明确影响 ET_0 变化的气候成因,对 1953~2013 年年均及 4~9 月 ET_0 序列与同期温度、日照时数、风速和相对湿度主要气候要素序列的相关关系进行了分析。结果表明,年均 ET_0 与风速相关不显著,与日照时数及温度呈极显著($\alpha=0.01$)正相关,与年平均相对湿度呈极显著的负相关,见表 3-2。

4~9 月 ET_0 与各气象要素相关性较为一致,基本均为显著相关,从相关系数来看,与相对湿度的相关性最高,其次为温度,然后是日照时数,而与风速的相关性相对较小。

表 3-2　锡林浩特市 4~9 月 ET_0 影响因素相关关系分析

影响因素	月　　份						年　均
	4 月	5 月	6 月	7 月	8 月	9 月	
风速	0.35*	0.46**	0.51**	0.50**	0.37**	0.44**	0.28

续上表

影响因素	月　份						年　均
	4月	5月	6月	7月	8月	9月	
日照时数	0.30	0.46**	0.69**	0.74**	0.77**	0.48**	0.39**
相对湿度	−0.81**	−0.80**	−0.92**	−0.94**	−0.94**	−0.85**	−0.83**
温度	0.80**	0.63**	0.76**	0.85**	0.8**	0.76**	0.76**

注：* 表示通过 $\alpha=0.05$ 的显著性检验，** 表示通过 $\alpha=0.01$ 的显著性检验。

对 1953～2013 年主要气象要素变化分析显示(图 3-19)，年平均气温及日照时数均为增加趋势，相对湿度为减小趋势，风速变化较为平缓。由年 ET_0 与各气候因子的相关关系可知，气温、日照时数的增加趋势和相对湿度的减小趋势均对 ET_0 产生增大作用，导致年 ET_0 总体呈极显著的增加趋势。

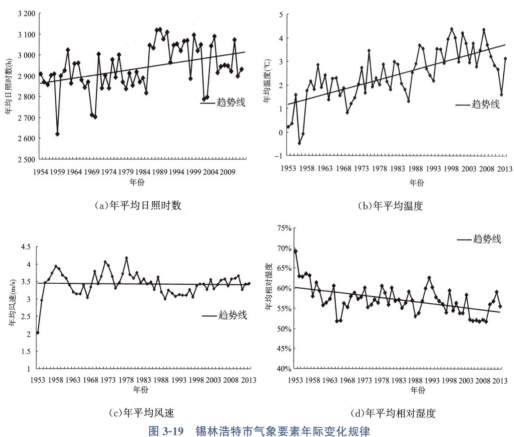

(a)年平均日照时数　　　　　　　　(b)年平均温度

(c)年平均风速　　　　　　　　(d)年平均相对湿度

图 3-19　锡林浩特市气象要素年际变化规律

4～9 月份各气象要素变化规律如图 3-20 所示。日照时数呈现单峰抛物线形，5 月最大，9 月最小；月平均温度同样为单峰抛物线，7 月最大而 4 月最小；月均风速基本为减小的趋势；相对湿度 4 月及 5 月较小，其次为 6 月，而 7～9 月较大。由 4～9 月 ET_0 与各气候因子的相关关系可知，ET_0 值各月分布情况是各气象要素综合作用的结果。

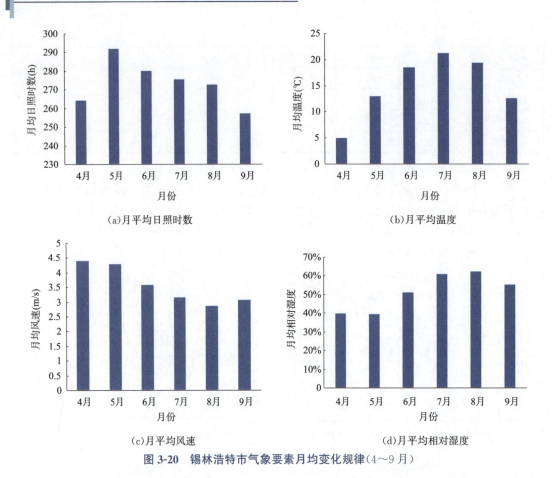

图 3-20　锡林浩特市气象要素月均变化规律（4～9 月）

3.2.2　宁夏典型站点

以同心县为典型站点进行 ET_0 变化趋势分析。

(1) 日均 ET_0 变化趋势

1955～2013 年 4～9 月日均 ET_0 变化趋势如图 3-21～图 3-26 所示。4 月日均 ET_0 呈现出增加趋势，为 0.04 mm/10 a；5～9 月日均 ET_0 呈现出减小的趋势，其中 5 月为 0.01 mm/10 a，6 月为 0.03 mm/10 a，7 月为 0.04 mm/10 a，8～9 月均为 0.03 mm/10 a。

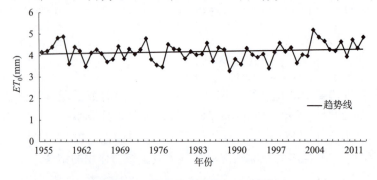

图 3-21　同心县 4 月日均 ET_0 变化

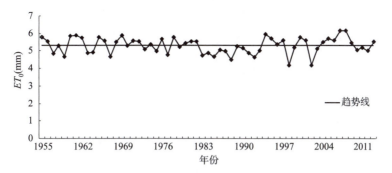

图 3-22　同心县 5 月日均 ET_0 变化

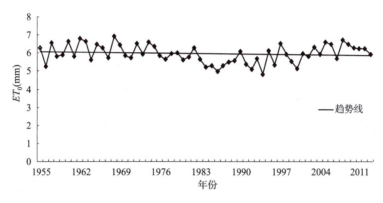

图 3-23　同心县 6 月日均 ET_0 变化

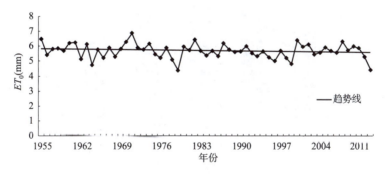

图 3-24　同心县 7 月日均 ET_0 变化

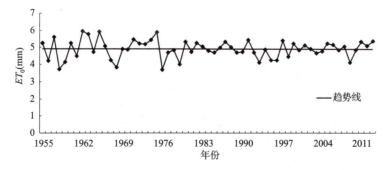

图 3-25　同心县 8 月日均 ET_0 变化

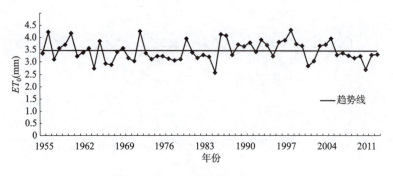

图 3-26　同心县 9 月日均 ET_0 变化

4 月日均 ET_0 变化在 3.27~5.18 mm，均值为 4.17 mm；5 月日均 ET_0 变化在 4.18~6.17 mm，均值为 5.29 mm；6 月日均 ET_0 变化在 4.82~6.91 mm，均值为 5.95 mm；7 月日均 ET_0 变化在 4.40~6.88 mm，均值为 5.68 mm；8 月日均 ET_0 变化在 3.71~5.97 mm，均值为 4.90 mm；9 月日均 ET_0 变化在 2.56~4.30 mm，均值为 3.44 mm。

(2) 月均 ET_0 变化趋势

1955~2013 年 4~9 月月均 ET_0 变化如图 3-27 所示。月均 ET_0 变化呈单峰曲线形状，最大值出现在 6 月，值为 178.61 mm；最小值在 9 月，值为 103.18 mm；4~9 月均值为 149.80 mm。

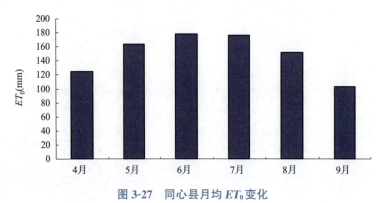

图 3-27　同心县月均 ET_0 变化

(3) 年际 ET_0 变化趋势

年际 ET_0 变化趋势如图 3-28 所示。1955~2013 年际间 ET_0 呈现出增大趋势，以 0.42 mm/10 a 的速率增加，其变化趋势比较平缓。近 59 年 ET_0 值最大为 1 289.10 mm，最小为 1 083.82 mm，均值为 1 192.64 mm。

(4) 影响因素分析

为明确影响 ET_0 变化的气候成因，对 1955~2013 年年均及 4~9 月 ET_0 序列与同期温度、日照时数、风速和相对湿度主要气候要素序列的相关关系进行了分析。结果表明，年均 ET_0 与风速、日照时数及温度呈极显著（$\alpha=0.01$）正相关，与年平均相对湿度呈极显著的负相关，见表 3-3。

4~9 月份 ET_0 与各气象要素相关性较为一致，基本均为显著相关，且与日照时数、温度及相对湿度的相关系数较高,而与风速的相关系数相对较低。

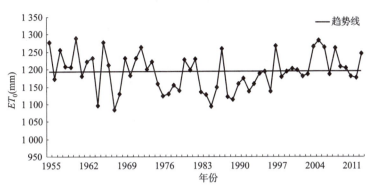

图 3-28 同心县年际 ET_0 变化

表 3-3 同心县 4~9 月 ET_0 影响因素相关关系分析

影响因素	月 份						年 均
	4月	5月	6月	7月	8月	9月	
风速	0.24	0.32	0.42**	0.61**	0.58**	0.29	0.39**
日照时数	0.57**	0.69**	0.76**	0.73**	0.67**	0.68**	0.57**
相对湿度	-0.75**	-0.82**	-0.85**	-0.78**	-0.89**	-0.87**	-0.60**
温度	0.72**	0.54**	0.62**	0.77**	0.82**	0.67**	0.35**

注:** 表示通过 $\alpha=0.01$ 的显著性检验。

对 1955~2013 年主要气象要素变化分析显示(图 3-29),年平均气温总体变化趋势为逐渐增大,上升趋势明显;年平均风速及日照时数总体呈现下降趋势,年平均相对湿度变化趋势平缓。由年 ET_0 与各气候因子的相关关系可知,气温增加趋势对 ET_0 产生增大作用与风速及日照时数减小趋势对 ET_0 产生减小作用互相抵消,故导致年 ET_0 总体变化较为平缓。

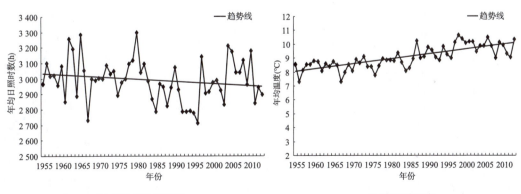

(a)年平均日照时数　　　　　　　　　(b)年平均温度

图 3-29

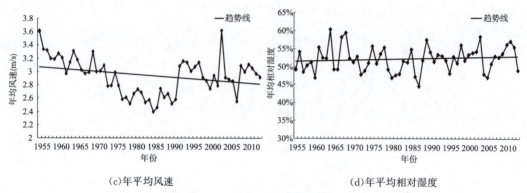

(c)年平均风速　　　　　　　　　(d)年平均相对湿度

图 3-29　同心县气象要素年际变化规律

4～9月份各气象要素变化规律如图 3-30 所示。日照时数及风速各月的差异较小,月均温度变化呈单峰曲线形状,7月最高,4月最低;相对湿度 4～6 月较小,而 7～9 月较大。由 4～9 月 ET_0 与各气候因子的相关关系可知,ET_0 值 4～9 月受温度影响较大,同时相对湿度 4～6 月较小而使得 ET_0 值较大。

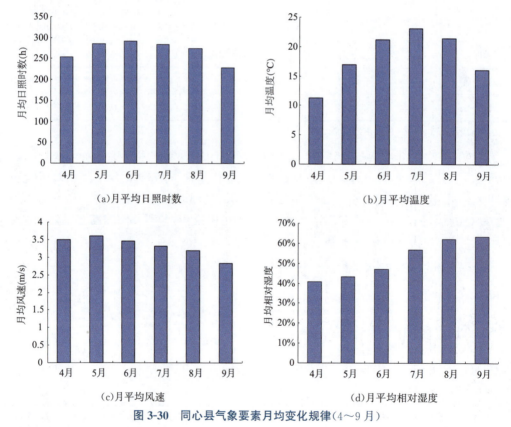

(a)月平均日照时数　　　　　　　　(b)月平均温度

(c)月平均风速　　　　　　　　　(d)月平均相对湿度

图 3-30　同心县气象要素月均变化规律(4～9月)

3.2.3 甘肃典型站点

以玛曲县为典型站点进行 ET_0 变化趋势分析。

(1) 日均 ET_0 变化趋势

1971~2013 年 4~9 月日均 ET_0 变化趋势如图 3-31~图 3-36 所示。7 月、9 月呈现出增加趋势:增加速率 7 月为 0.11 mm/10 a,9 月为 0.10 mm/10 a;其他月份为减小趋势:减小速率 4 月为 0.01 mm/10 a,5 月为 0.08 mm/10 a,6 月为 0.13 mm/10 a,8 月为 0.09 mm/10 a。

4 月日均 ET_0 变化在 1.44~2.47 mm,均值为 1.85 mm;5 月日均 ET_0 变化在 1.66~2.51 mm,均值为 2.06 mm;6 月日均 ET_0 变化在 1.60~2.61 mm,均值为 2.14 mm;7 月日均 ET_0 变化在 1.97~2.74 mm,均值为 2.36 mm;8 月日均 ET_0 变化在 1.53~2.35 mm,均值为 1.88 mm;9 月日均 ET_0 变化在 1.08~1.62 mm,均值为 1.36 mm。

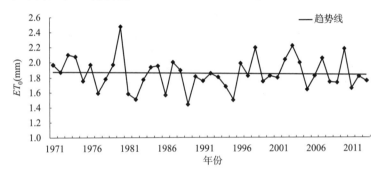

图 3-31 玛曲县 4 月日均 ET_0 变化

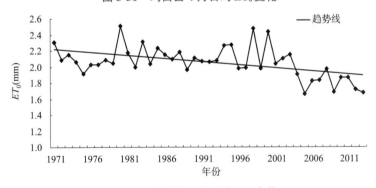

图 3-32 玛曲县 5 月日均 ET_0 变化

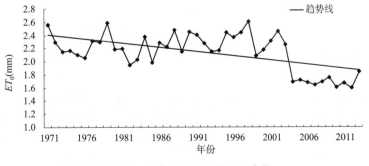

图 3-33 玛曲县 6 月日均 ET_0 变化

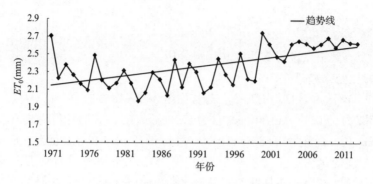

图 3-34　玛曲县 7 月日均 ET_0 变化

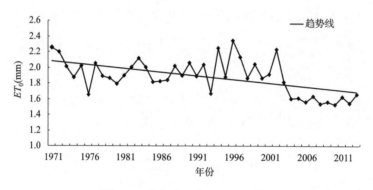

图 3-35　玛曲县 8 月日均 ET_0 变化

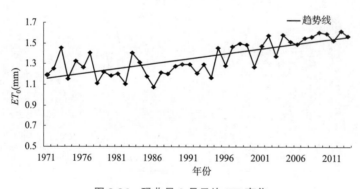

图 3-36　玛曲县 9 月日均 ET_0 变化

(2) 月均 ET_0 变化趋势

1971~2013 年 4~9 月月均 ET_0 变化如图 3-37 所示。5~8 月月均 ET_0 差异较小,最大值出现在 7 月,值为 81.69 mm;最小值在 9 月,值为 53.04 mm;4~9 月均值为 70.37 mm。

(3) 年际 ET_0 变化趋势

1971~2013 年年际 ET_0 变化趋势如图 3-38 所示。年际间 ET_0 呈现出增大趋势,以 7.83 mm/10 a 的速率增加。近 43 年 ET_0 值最大为 575.58 mm,最小为 466.47 mm,均值为 519.45 mm。

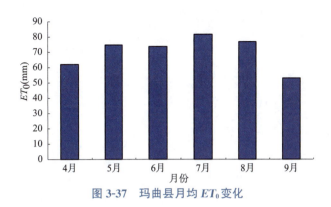

图 3-37 玛曲县月均 ET_0 变化

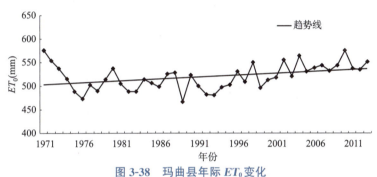

图 3-38 玛曲县年际 ET_0 变化

(4) 影响因素分析

为明确影响 ET_0 变化的气候成因,对 1971～2013 年年均及 4～9 月 ET_0 序列与同期温度、日照时数、风速和相对湿度主要气候要素序列的相关关系进行了分析。结果表明,年均 ET_0 与风速相关不显著,与日照时数及温度呈极显著($\alpha=0.01$)正相关,与年平均相对湿度呈极显著的负相关,见表 3-4。

4～9 月 ET_0 与各气象要素相关性差异较大:4 月、9 月与各要素均显著相关,5 月、6 月均仅与日照时数显著相关;7 月与日照时数、湿度及温度显著相关;8 月与日照时数及湿度显著相关。

表 3-4 玛曲县 4～9 月 ET_0 影响因素相关关系分析

影响因素	月　份						年　均
	4 月	5 月	6 月	7 月	8 月	9 月	
风速	0.42**	0.18	0.10	0.26	0.12	0.64**	0.24
日照时数	0.58**	0.65**	0.59**	0.36**	0.58**	0.54**	0.40**
相对湿度	−0.89**	−0.35	−0.29	−0.42**	−0.40**	−0.51**	−0.45**
温度	0.61**	0.02	−0.12	0.68**	−0.24	0.74**	0.69**

注:** 表示通过 $\alpha=0.01$ 的显著性检验。

对 1971～2013 年主要气象要素变化分析显示(图 3-39),年平均气温总体变化趋势为逐渐增大,上升趋势明显;年平均风速及相对湿度总体呈现下降趋势;年平均日照时数总体变化趋势较为平缓。由年 ET_0 与各气候因子的相关关系可知,气温增加趋势及相对湿度的

减小趋势均对 ET_0 产生增大作用,且其作用强于风速减小对 ET_0 产生的减小作用,故导致年 ET_0 总体呈增加趋势。

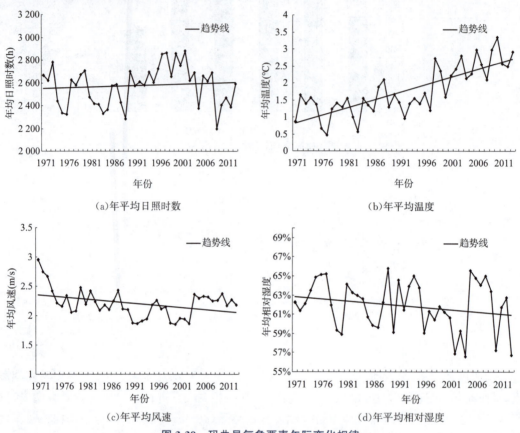

图 3-39 玛曲县气象要素年际变化规律

1971~2013 年 4~9 月份各气象要素变化规律如图 3-40 所示。月均温度变化呈单峰曲线形状,7 月最高,4 月最低;月均风速基本呈现逐渐较小的规律;月均相对湿度逐渐增加;月均日照时数差异较小。结合 4~9 月 ET_0 与各气候因子的相关关系可以认定,4~9 月 ET_0 为各气象要素综合作用的结果。

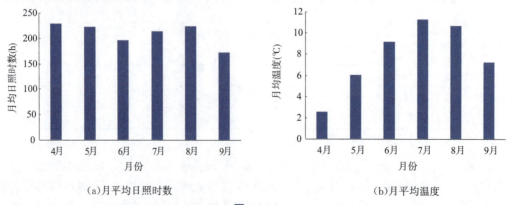

图 3-40

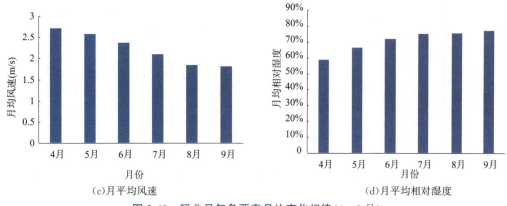

(c)月平均风速　　　　　　　　　　(d)月平均相对湿度

图 3-40　玛曲县气象要素月均变化规律(4～9月)

3.2.4　新疆典型站点

1. 民丰县 ET_0 变化趋势

(1)日均 ET_0 变化趋势

1957～2013 年 4～9 月日均 ET_0 变化如图 3-41～图 3-46 所示。4 月日均 ET_0 变化在 3.70～5.02 mm,均值为 4.42 mm;5 月日均 ET_0 变化在 4.55～6.01 mm,均值为 5.21 mm;6 月日均 ET_0 变化在 5.12～6.40 mm,均值为 5.66 mm;7 月日均 ET_0 变化在 4.20～6.24 mm,均值为 5.39 mm;8 月日均 ET_0 变化在 4.17～5.72 mm,均值为 4.87 mm;9 月日均 ET_0 变化在 2.16～4.63 mm,均值为 3.38 mm。

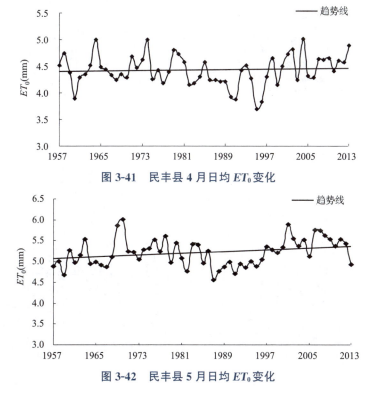

图 3-41　民丰县 4 月日均 ET_0 变化

图 3-42　民丰县 5 月日均 ET_0 变化

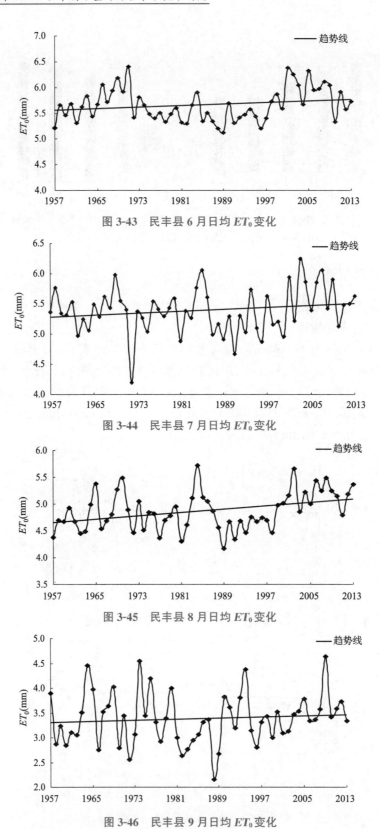

图3-43 民丰县6月日均ET_0变化

图3-44 民丰县7月日均ET_0变化

图3-45 民丰县8月日均ET_0变化

图3-46 民丰县9月日均ET_0变化

(2)月均 ET_0 变化趋势

1957~2013 年 4~9 月月均 ET_0 变化如图 3-47 所示。ET_0 月均变化呈单峰曲线形状,4~9 月均值为 148.89 mm,最大值出现在 6 月,为 169.71 mm;最小值在 9 月,为 111.40 mm。

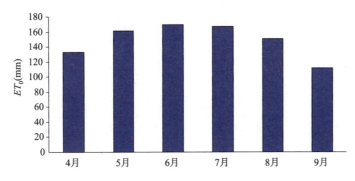

图 3-47　民丰县月均 ET_0 变化

(3)年际 ET_0 变化趋势

1957~2013 年年际 ET_0 变化趋势如图 3-48 所示。年际 ET_0 呈现出增大趋势,以 11.21 mm/10 a 的速率增加,ET_0 值最大为 1 297.68,最小为 1 060.57 mm,均值为 1 179.47 mm。1987~2000 年年际 ET_0 值较低,在 1 060.57~1 176.41 mm 间波动。

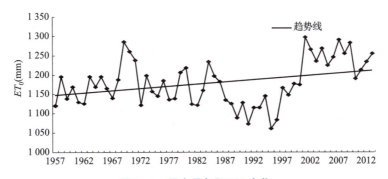

图 3-48　民丰县年际 ET_0 变化

(4)影响因素分析

为明确影响 ET_0 变化的气候成因,对 1957~2013 年年均及 4~9 月 ET_0 序列与同期温度、日照时数、风速和相对湿度主要气候要素序列的相关关系进行了分析。结果表明,年均 ET_0 与日照时数相关不显著,与风速及温度呈极显著($\alpha=0.01$)正相关,与年平均相对湿度呈极显著负相关,见表 3-5。4~9 月 ET_0 与各气象要素的相关性较为一致,基本规律与年均 ET_0 相关性结果一致。

1957~2013 年民丰县主要气象要素变化分析显示(图 3-49),年平均气温的总体变化趋势为逐渐增大,上升趋势明显;年平均风速总体趋势变化不明显,但年际差异较大,年最大风速为 2.19 m/s,年均最小风速为 1.15 m/s;年平均相对湿度的总体变化趋势为逐渐下降,与年平均温度和年日照时数总体变化趋势相反;年平均日照时数与温度总体演变趋势相似,呈波动上升趋势。由年 ET_0 与各气候因子的相关关系可知,气温的增加趋势及相对湿度的减小趋势均对ET_0产生增大作用,导致民丰县年ET_0总体呈极显著的增加趋势。

表3-5 民丰县4～9月ET_0影响因素相关关系分析

影响因素	月 份						年 均
	4月	5月	6月	7月	8月	9月	
风速	0.51**	0.50**	0.62**	0.34**	0.58**	0.54**	0.61**
日照时数	−0.11	−0.11	0.07	0.14	0.07	0.53**	0.27
相对湿度	−0.51**	−0.63**	−0.68**	−0.75**	−0.79**	−0.80**	0.53**
温度	0.76**	0.67**	0.66**	0.61**	0.70**	0.60**	0.53*

注:* 表示通过$\alpha=0.05$的显著性检验,** 表示通过$\alpha=0.01$的显著性检验。

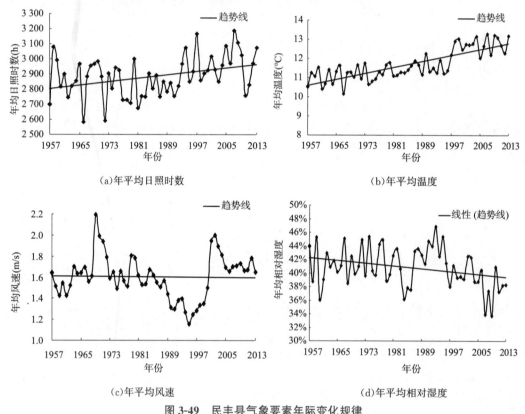

图3-49 民丰县气象要素年际变化规律

4～9月份各气象要素变化规律如图3-50所示。月均温度7月和8月最高,月均最低温度为4月份,月均变化不超过10 ℃;月均风速为4月份最大,随着月份变化月均风速逐渐降低;月均相对湿度与月均风速变化趋势相反,随着月份变化,月均相对湿度逐渐增加,9月份月均相对湿度最大;月均日照时数各月变化较大,月均日照时数最大出现在8月份,9月份则最小。由4～9月ET_0与各气候因子的相关关系可知,4～6月ET_0增加趋势被认为是温度增加和湿度减小对其产生主要影响,而7～9月减小趋势则主要是由于温度和风速减小造成的差异。

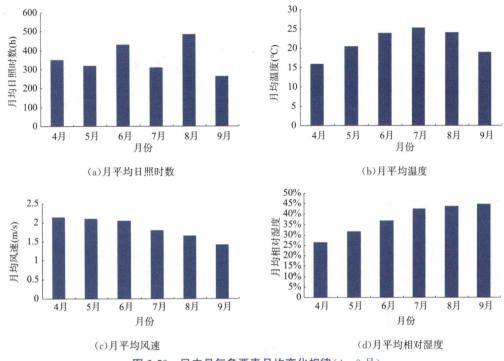

图 3-50 民丰县气象要素月均变化规律(4～9 月)

2. 托里县 ET_0 变化趋势

(1)日均 ET_0 变化趋势

1957～2013 年 4～9 月日均 ET_0 变化如图 3-51～图 3-56 所示。4～5 月日均 ET_0 变化为增加的趋势,其中增加的速率分别为 4 月 0.06 mm/10 a,5 月 0.07 mm/10 a;6～9 月 ET_0 变化为减小的趋势,其中速率 6 月为 −0.01 mm/10 a,7 月为 −0.02 mm/10 a,8 月为 −0.06 mm/10 a,9 月为 −0.04 mm/10 a。

4 月日均 ET_0 变化在 2.18～4.41 mm,均值为 3.17 mm;5 月日均 ET_0 变化在 2.87～5.681 mm,均值为 4.62 mm;6 月日均 ET_0 变化在 3.87～7.43 mm,均值为 5.69 mm;7 月日均 ET_0 变化在 4.31～7.83 mm,均值为 5.82 mm;8 月日均 ET_0 变化在 3.83～6.63 mm,均值为 5.37 mm;9 月日均 ET_0 变化在 2.60～4.75 mm,均值为 3.75 mm。

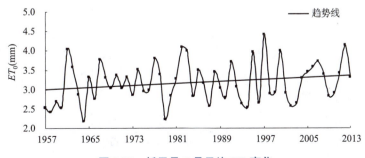

图 3-51 托里县 4 月日均 ET_0 变化

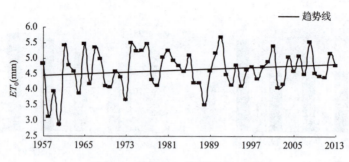

图 3-52　托里县 5 月日均 ET_0 变化

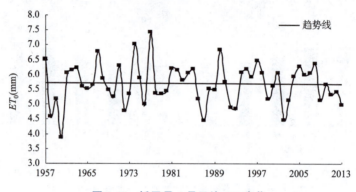

图 3-53　托里县 6 月日均 ET_0 变化

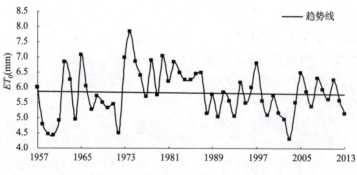

图 3-54　托里县 7 月日均 ET_0 变化

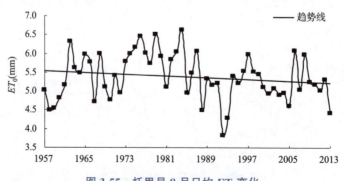

图 3-55　托里县 8 月日均 ET_0 变化

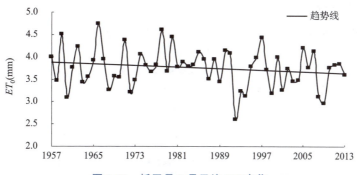

图 3-56　托里县 9 月日均 ET_0 变化

(2) 月均 ET_0 变化趋势

1957～2013 年 4～9 月月均 ET_0 变化如图 3-57 所示。月均 ET_0 变化呈单峰曲线形状，最大值出现在 7 月，为 180.29 mm；最小值在 4 月，为 95.03 mm；4～9 月均值为 144.71 mm。

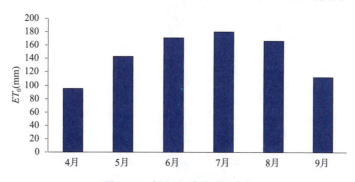

图 3-57　托里县月均 ET_0 变化

(3) 年际 ET_0 变化趋势

1957～2013 年年际 ET_0 变化趋势如图 3-58 所示。年际间 ET_0 呈现出增大趋势，以 3.09 mm/10 a 的速率增加，ET_0 值最大为 1 183.54 mm，最小值为 784.24 mm，均值为 1 014.96 mm。

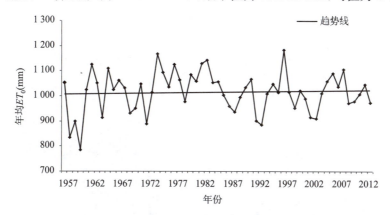

图 3-58　托里县年际 ET_0 变化

(4) 影响因素分析

为明确影响 ET_0 变化的气候成因,对 1957～2013 年年均及 4～9 月 ET_0 序列与同期温度、日照时数、风速和相对湿度主要气候要素序列的相关关系进行了分析。结果表明,年均 ET_0 与日照时数、风速及温度呈显著正相关,与年平均相对湿度呈显著的负相关,见表 3-6。

4～9 月 ET_0 与各气象要素相关性较为一致,基本与各气象要素均为显著相关,通过比较相关系数绝对值的大小可以判断不同气象因子对 ET_0 变化的重要性,可知湿度对托里站点 ET_0 的影响最大。

表 3-6 托里县 4～9 月 ET_0 影响因素相关关系分析

影响因素	月份						年均
	4月	5月	6月	7月	8月	9月	
风速	0.26	0.29*	0.60**	0.69**	0.70**	0.49**	0.43**
日照时数	0.80**	0.79**	0.68**	0.80**	0.70**	0.56**	0.62**
相对湿度	−0.87**	−0.90**	−0.91**	−0.95**	−0.90**	−0.81**	−0.77**
温度	0.76**	0.77**	0.73**	0.74**	0.49**	0.64**	0.53**

注:* 表示通过 $\alpha=0.05$ 的显著性检验,** 表示通过 $\alpha=0.01$ 的显著性检验。

对 1957～2013 年主要气象要素变化分析显示(图 3-59),年平均温度总体变化趋势表现为上升,年际差异变化较小;年平均风速呈现下降的总体趋势,年平均相对湿度总体变化趋势为平缓下降;年日照时数除 1960 年较低之外,其他年份正常波动,总体变化趋势与年平均温度相似,呈现平缓上升趋势,与年平均相对湿度相反。由年 ET_0 与各气候因子的相关关系可知,风速的减小会导致 ET_0 减小,但同时由于温度增加及相对湿度减小导致 ET_0 呈增加趋势,显然后者作用超过前者,因此 ET_0 总体呈增加趋势。

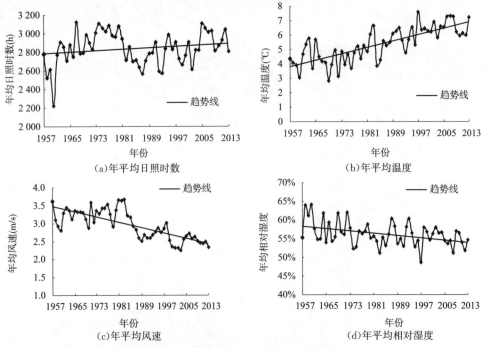

图 3-59 托里县气象要素年际变化规律

4～9月份月平均气象要素变化规律如图 3-60 所示。月均温度 7 月和 8 月最高,月均最低温度为 4 月份,月均温度变化最大高于 13 ℃;月均风速为 5 月份最大,随着月份变化月均风速呈现逐渐降低趋势,9 月份月均风速最小;月均相对湿度最大出现在 4 月份,但各月之间相对比较平衡,变化不大;月均日照时数各月份差异较小,分布比较均匀平衡。由 4～9 月 ET_0 与各气候因子的相关关系可知,4～9 月气温变化规律与 ET_0 的变化基本一致,日照时数及相对湿度各月差异较小,故认为温度是 ET_0 变化的主要因素。

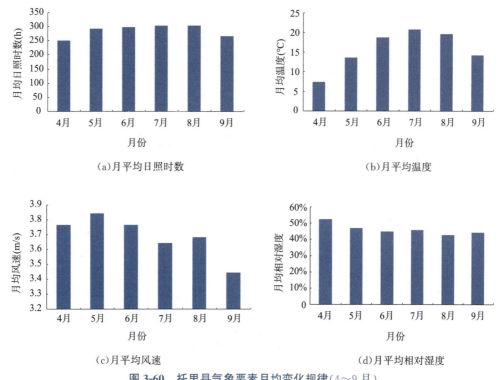

(a) 月平均日照时数　　(b) 月平均温度

(c) 月平均风速　　(d) 月平均相对湿度

图 3-60　托里县气象要素月均变化规律(4～9 月)

3. 伊吾县 ET_0 变化趋势分析

(1) 日均 ET_0 变化趋势

1959～2009 年 4～9 月日均 ET_0 变化如图 3-61～图 3-66 所示。4 月日均 ET_0 变化呈现出增加趋势,增加速率为 0.013 mm/10 a;5～9 月日均 ET_0 变化为减小趋势,其中速率 5 月为 −0.04 mm/10 a,6 月为 −0.062 mm/10 a,7 月为 −0.01 mm/10 a,8 月为 −0.04 mm/10 a,9 月为 −0.06 mm/10 a。

4 月日均 ET_0 变化 3.13～4.74 mm,均值为 3.71 mm;5 月日均 ET_0 变化 4.56～6.60 mm,均值为 5.37 mm;6 月日 ET_0 均变化 4.99～6.71 mm,均值为 5.86 mm;7 月 ET_0 日均变化 4.72～6.54 mm,均值为 5.49 mm;8 月日均 ET_0 变化在 4.33～5.81 mm,均值为 4.97 mm;9 月日均 ET_0 变化 3.08～4.43 mm,均值为 3.72 mm。

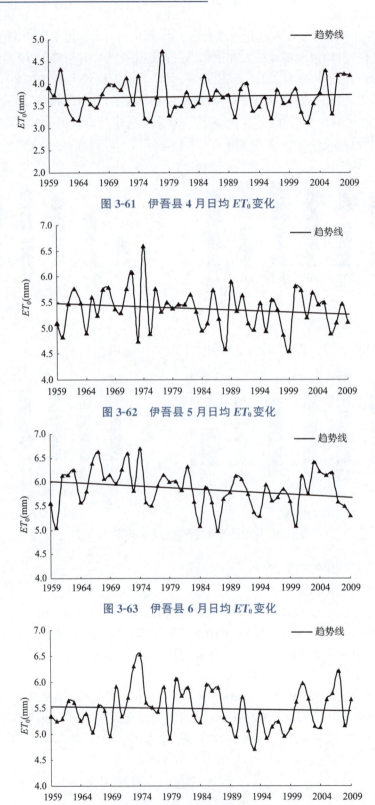

图 3-61　伊吾县 4 月日均 ET_0 变化

图 3-62　伊吾县 5 月日均 ET_0 变化

图 3-63　伊吾县 6 月日均 ET_0 变化

图 3-64　伊吾县 7 月日均 ET_0 变化

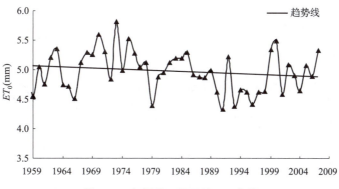

图 3-65　伊吾县 8 月日均 ET_0 变化

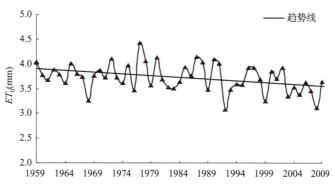

图 3-66　伊吾县 9 月日均 ET_0 变化

(2) 月均 ET_0 变化

1959～2009 年 4～9 月月均 ET_0 变化如图 3-67 所示。月均 ET_0 变化呈单峰曲线形状，最大值出现在 6 月，为 175.71 mm；最小值在 4 月，为 111.32 mm；4～9 月均值为 148.22 mm。

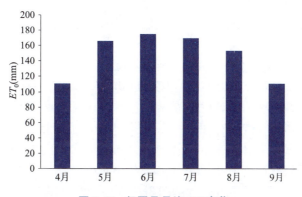

图 3-67　伊吾县月均 ET_0 变化

(3) 年际 ET_0 变化趋势

1959～2009 年年际 ET_0 变化趋势如图 3-68 所示。年际间 ET_0 呈现出减小趋势，以 −9.535 mm/10 a 的速率变化，ET_0 值最大为 1 231.83 mm，最小值为 1 000.56 mm，均值为 1 114.06 mm。

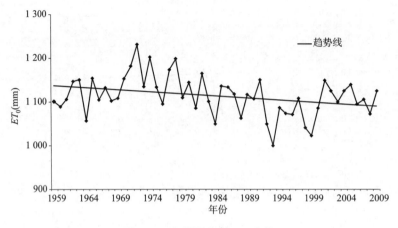

图 3-68 伊吾县年际 ET_0 变化

(4) 影响因素分析

为明确影响 ET_0 变化的气候成因,对 1959～2009 年年均及 4～9 月 ET_0 序列与同期温度、日照时数、风速和相对湿度主要气候要素序列的相关关系进行了分析,见表 3-7。结果表明,年均 ET_0 与日照时数及温度相关不显著,与风速呈显著的正相关,与年平均相对湿度呈显著的负相关。4～9 月 ET_0 与各气象要素的相关性较为一致,基本与各要素均为显著相关。

表 3-7 伊吾县 4～9 月 ET_0 影响因素相关关系分析

影响因素	月 份						年 均
	4 月	5 月	6 月	7 月	8 月	9 月	
风速	0.36*	0.46**	0.62**	0.45**	0.60**	0.63**	0.46**
日照时数	0.57**	0.00	0.58**	0.81**	0.57**	0.32*	0.18
相对湿度	−0.58**	−0.72**	−0.79**	−0.88**	−0.83**	−0.76**	−0.48**
温度	0.75**	0.69**	0.45**	0.45**	0.47**	0.42**	0.01

注:* 表示通过 $\alpha=0.05$ 的显著性检验,** 表示通过 $\alpha=0.01$ 的显著性检验。

对 1959～2009 年主要气象要素变化分析显示(图 3-69),年均温度、年均风速和年均相对湿度总体趋势变化相对较小,其中年均温度和年均相对湿度呈现上升趋势,但年际变化幅度差异不大,年均风速呈现下降的总体趋势。年平均日照时数年际变化剧烈,波动较大,总体变化趋势为上升,突异值较多。由年 ET_0 与各气候因子的相关关系可知,日照时数及温度增加趋势会导致 ET_0 呈增加趋势,但其相关不显著,而与年均 ET_0 显著相关的风速及相对湿度的变化均导致 ET_0 减小,所以年 ET_0 总体呈减小趋势。

4～9 月份月平均气象要素变化规律如图 3-70 所示。月均温度 7 月和 8 月最高,最低温度为 4 月份,月均温度变化最大超过 12 ℃;月均风速为 5 月份最大,随着月份变化月均风速逐渐降低,9 月份月均风速最小;月均相对湿度随着月份逐渐增加,最大出现在 7 月份,之后转为逐渐降低;月均日照时数除 5 月份外各月份差异微小,分布比较均匀平衡,而 5 月份月均日照时数最大,显著高于其他月份。由 4～9 月 ET_0 与各气候因子的相关关系可知,ET_0 月均变化可以认为是各气象要素综合作用的结果。

3 典型站点参考作物腾发量计算及其影响因素 | 49

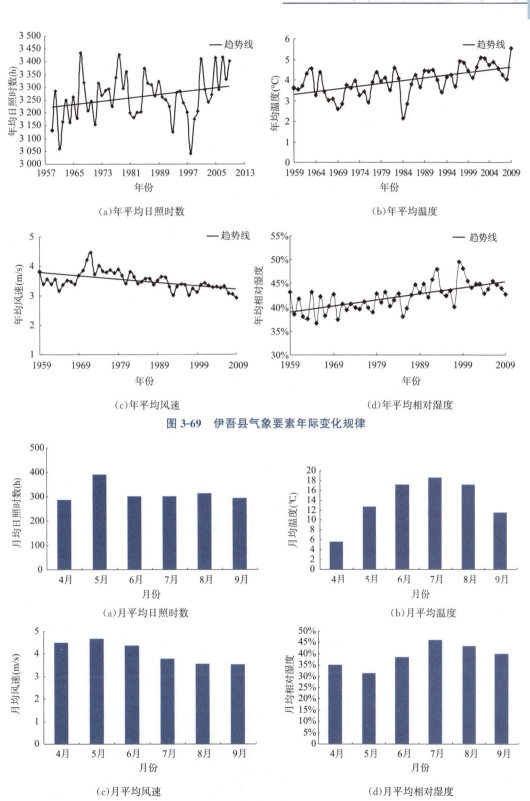

(a)年平均日照时数

(b)年平均温度

(c)年平均风速

(d)年平均相对湿度

图 3-69 伊吾县气象要素年际变化规律

(a)月平均日照时数

(b)月平均温度

(c)月平均风速

(d)月平均相对湿度

图 3-70 伊吾县气象要素月均变化规律(4～9月)

3.2.5 西藏牧区典型站点

以那曲县为代表进行西藏 ET_0 变化趋势分析。

(1)日均 ET_0 变化趋势

1955～2012 年 4～9 月日均 ET_0 变化如图 3-71～图 3-76 所示。4 月、5 月日均 ET_0 变化呈现出减小趋势,速率 4 月为 -0.04 mm/10 a,5 月为 -0.06 mm/10 a;6 月基本无变化,7～9 月日均 ET_0 变化呈现出增加趋势,其中增长速率 7 月为 0.003 mm/10 a,8 月为 0.03 mm/10 a,9 月为 0.02 mm/10 a。

4 月日均 ET_0 变化 2.31～3.57 mm,均值为 2.93 mm;5 月日均 ET_0 变化 2.72～4.74 mm,均值为 3.49 mm;6 月日均 ET_0 变化 2.94～4.60 mm,均值为 3.72 mm;7 月日均 ET_0 变化 3.15～4.08 mm,均值为 3.54 mm;8 月日均 ET_0 变化 2.86～3.92 mm,均值为 3.26 mm;9 月日均 ET_0 变化 2.28～3.15 mm,均值为 2.71 mm。

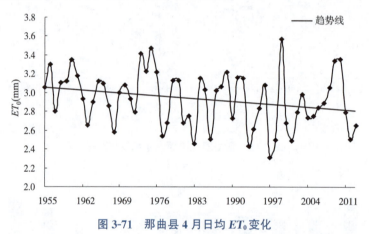

图 3-71　那曲县 4 月日均 ET_0 变化

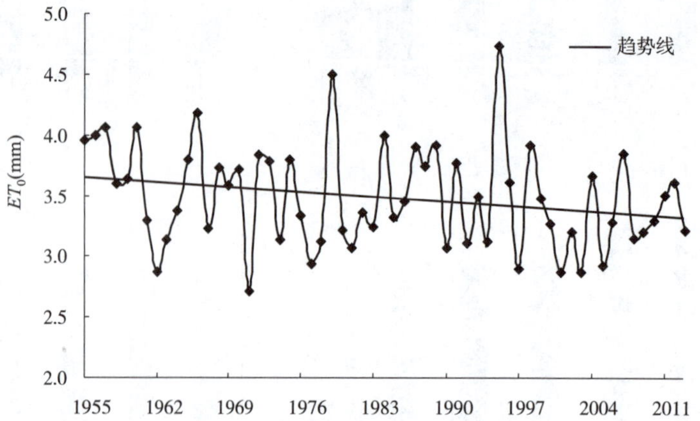

图 3-72　那曲县 5 月日均 ET_0 变化

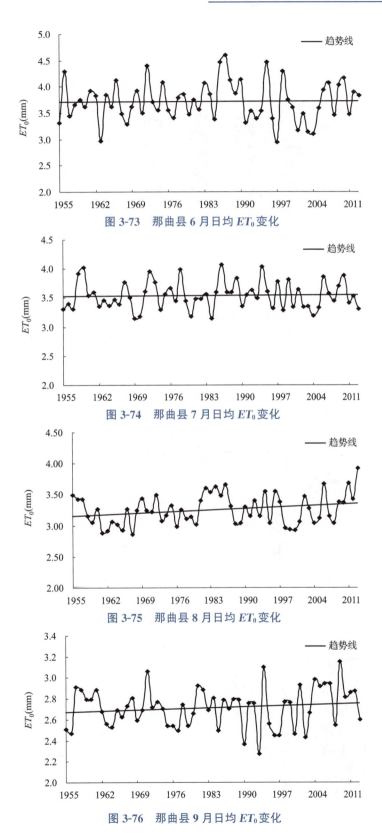

图 3-73 那曲县 6 月日均 ET_0 变化

图 3-74 那曲县 7 月日均 ET_0 变化

图 3-75 那曲县 8 月日均 ET_0 变化

图 3-76 那曲县 9 月日均 ET_0 变化

(2)月均 ET_0 变化趋势

1955～2012 年月均 ET_0 变化如图 3-77 所示。ET_0 变化趋势呈单峰曲线形状,6 月 ET_0 值最大,为 111.60 mm;9 月最小,为 81.43 mm;4～9 月均值为 99.95 mm。

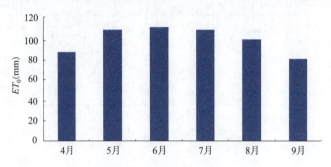

图 3-77 那曲县 4～9 月月均 ET_0 变化

(3)年际 ET_0 变化趋势

1955～2012 年年际 ET_0 变化趋势如图 3-78 所示。年际间变化 760.44～979.57 mm,均值为 889.90 mm,分别在 1963 年和 1997 年出现极小值点。整体为下降趋势,下降趋势为 -2.437 mm/10 a。

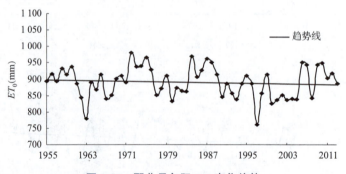

图 3-78 那曲县年际 ET_0 变化趋势

(4)ET_0 变化影响因素

为明确影响 ET_0 变化的气候成因,对 1955～2012 年年均及 4～9 月 ET_0 序列与同期温度、日照时数、风速和相对湿度主要气候要素序列的相关关系进行了统计分析。结果表明,年均 ET_0 与气温、风速相关不显著,与年日照时数呈极显著($\alpha=0.01$)正相关,与年平均相对湿度呈极显著的负相关,见表 3-8。

4～9 月 ET_0 与各气象要素的相关性差异较大:4～5 月 ET_0 主要影响因素为风速、日照时数、相对湿度及温度;6 月 ET_0 主要影响因素为风速、日照时数及相对湿度;7 月 ET_0 主要影响因素为日照时数、相对湿度及温度;8～9 月 ET_0 主要影响因素为相对湿度及温度。整体上 ET_0 与相对湿度的相关性最大,且为负相关,与温度、风速及日照时数为正相关。

表 3-8 那曲县 4～9 月 ET_0 影响因素相关关系分析

影响因素	月 份						年 均
	4月	5月	6月	7月	8月	9月	
风速	0.46**	0.55**	0.54**	0.14	0.15	0.05	0.25
日照时数	0.78**	0.84**	0.85**	0.84**	0.20	−0.05	0.46**
相对湿度	−0.89**	−0.93**	−0.92**	−0.83**	−0.86**	−0.82**	−0.75**
温度	0.56**	0.75**	0.03	0.28*	0.26*	0.49**	0.10

注：* 表示通过 α=0.05 的显著性检验，** 表示通过 α=0.01 的显著性检验。

对 1955～2012 年主要气象要素变化分析显示(图 3-79)，年均温度整体较低，最高温度不超过 1 ℃，年际变化差异较小，总体呈现波动上升的趋势；年平均风速总体呈现下降趋势，1955～1969 年，年均风速年际变化较小，1970～1971 年风速陡增，达到最大值 3.7 m/s 之后继续呈现稳定下降趋势；年平均相对湿度总体趋势变化平稳，但各年变化差异较大，1989～2004 年年均相对湿度持续较高水平，均大于 50%，2005～2013 年年均相对湿度陡降，均在 50% 以下；年均日照时数总体呈减少趋势，年际变化相对较大，年均日照时数在 2 500～3 100 h。由年 ET_0 与各气候因子的相关关系可知，日照时数减少和相对湿度增大，导致 ET_0 总体呈减小趋势。

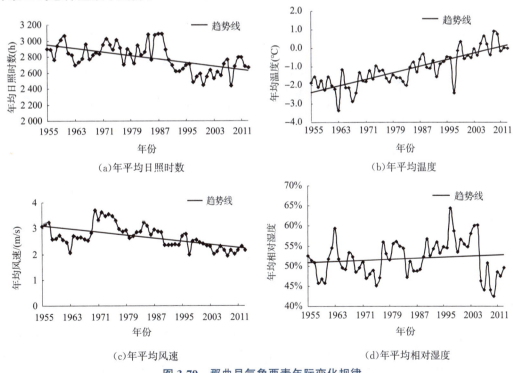

(a) 年平均日照时数　(b) 年平均温度　(c) 年平均风速　(d) 年平均相对湿度

图 3-79 那曲县气象要素年际变化规律

1955～2012 年那曲站 4～9 月份各气象要素变化规律如图 3-80 所示。月均温度 4～6 月变化较大，4 月份月均温度最低为 −1 ℃，6 月份最高为 9.6 ℃，之后月月均温度呈逐渐下降趋势；月均风速整体随月份逐渐下降，4 月份月均风速最大为 3.4 m/s，8 月份降到最低

2.0 m/s,9月份稳定在2.0 m/s左右;月均相对湿度与月均风速变化趋势相反,4月份月均相对湿度最小为41.6%,随月份逐渐增加,到9月份达到最大值70.4%;月均日照时数4～7月稳定在230 h左右,8～9月份月均日照时数逐渐增大,9月份达到最大384 h。由4～9月ET_0与各气候因子的相关关系可知:4～6月,尽管风速减小和相对湿度增大对ET_0有减少作用,但平均气温呈上升趋势对ET_0的增加作用更为显著,故4～6月ET_0呈增加趋势;7～9月ET_0基本与风速及日照时数无相关性,相对湿度7～9月基本无变化,而温度呈现减小的趋势,故认为温度的减小是导致ET_0减小的主要原因。

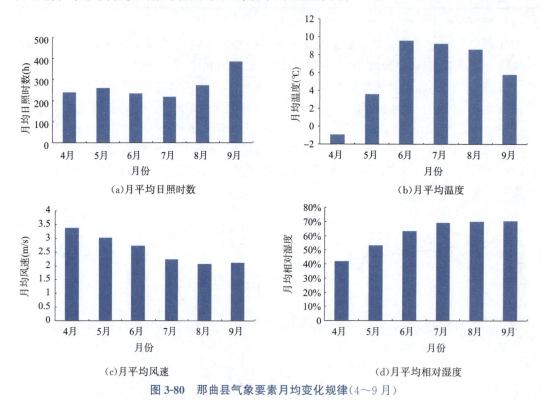

图3-80 那曲县气象要素月均变化规律(4～9月)

3.2.6 青海牧区典型站点

以德令哈市为代表进行青海牧区ET_0变化趋势分析。

(1)日均ET_0变化趋势

1956～2013年4～9月日均ET_0变化如图3-81～图3-86所示。日均ET_0变化整体为减小趋势,其中减小速率4月为-0.04 mm/10 a,5月为-0.07 mm/10 a,6月为-0.061 mm/10 a,7月为-0.12 mm/10 a,8月为-0.07 mm/10 a,9月为-0.08 mm/10 a。

4月日均ET_0变化2.93～4.51 mm,均值为3.61 mm;5月日均ET_0变化3.57～5.16 mm,均值为4.49 mm;6月日均ET_0变化3.61～5.83 mm,均值为4.86 mm;7月日均ET_0变化4.00～5.88 mm,均值为4.93 mm;8月日均ET_0变化3.65～5.33 mm,均值为4.53 mm;9月ET_0日均变化2.58～4.36 mm,均值为3.34 mm。

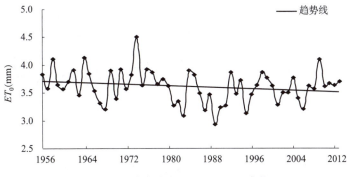

图 3-81　德令哈市 4 月日均 ET_0 变化

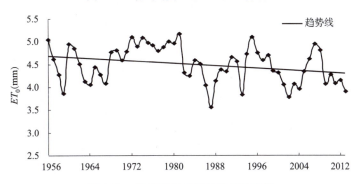

图 3-82　德令哈市 5 月日均 ET_0 变化

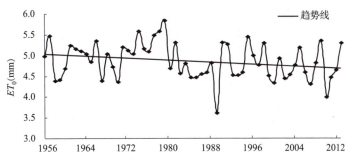

图 3-83　德令哈市 6 月日均 ET_0 变化

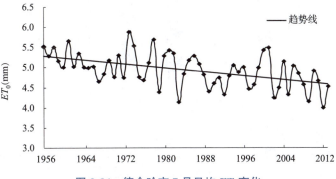

图 3-84　德令哈市 7 月日均 ET_0 变化

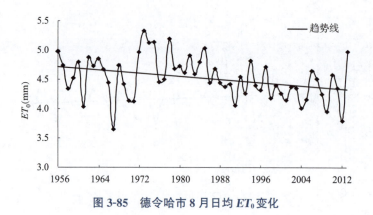

图 3-85　德令哈市 8 月日均 ET_0 变化

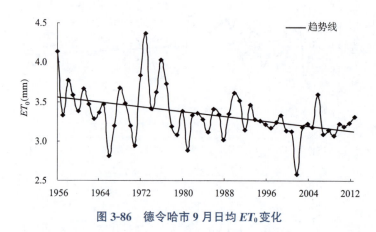

图 3-86　德令哈市 9 月日均 ET_0 变化

(2)月均 ET_0 变化趋势

1956~2013 年月均 ET_0 变化如图 3-87 所示。7 月 ET_0 值最大,为 152.92 mm;9 月 ET_0 值最小,为 100.27 mm;4~9 月 ET_0 值均值为 131.17 mm,同时 5~8 月 ET_0 值较为接近。

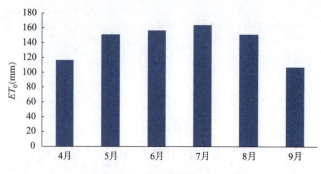

图 3-87　德令哈市月均 ET_0 变化

(3)年际 ET_0 变化趋势

年际 ET_0 值如图 3-88 所示。1956~2012 年年际 ET_0 以 −17.50 mm/10 a 的速度下降,变化区间为 942.51~1 184.68 mm,均值为 1 043.71 mm。

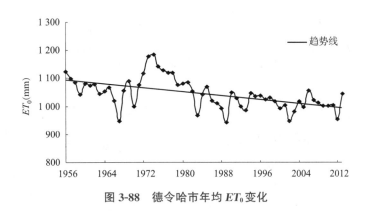

图 3-88 德令哈市年均 ET_0 变化

(4) ET_0 变化影响因素分析

为明确影响 ET_0 变化的气候成因,对 1956～2012 年年均及 4～9 月 ET_0 序列与同期温度、日照时数、风速和相对湿度主要气候要素序列的相关关系进行了统计分析。结果表明,年均 ET_0 与日照时数及风速呈显著($\alpha=0.01$)正相关,与年平均相对湿度呈显著的负相关,而与温度相关不显著,见表 3-9。

4～9 月 ET_0 与各气象要素的相关性较为一致:4 月 ET_0 与日照时数、相对湿度及温度呈显著相关性,但相关系数均较低;5～9 月 ET_0 均与风速、日照时数及相对湿度呈显著相关,而与温度基本相关不显著。

表 3-9 德令哈市 ET_0 变化影响因素相关关系分析

影响因素	月 份						年 均
	4月	5月	6月	7月	8月	9月	
风速	0.24	0.42**	0.36*	0.39**	0.44**	0.59**	0.72**
日照时数	0.37*	0.54**	0.62**	0.60**	0.59**	0.52**	0.39**
相对湿度	−0.32*	−0.53**	−0.68**	−0.63**	−0.45**	−0.47**	−0.48**
温度	0.39*	0.22	0.33*	0.26	0.11	0.01	0.07

注:* 表示通过 $\alpha=0.05$ 的显著性检验,** 表示通过 $\alpha=0.01$ 的显著性检验。

对 1956～2012 年主要气象要素变化分析显示(图 3-89),年平均气温总体变化趋势为逐渐增大,上升趋势明显;年平均风速总体趋势呈现逐渐下降,1964～1980 年出现上升波动,其他自然年际差异不大,变化平稳;年平均相对湿度的总体变化趋势为逐渐下降,与年平均温度总体变化趋势相反,各自然年年际差异较大;年平均日照时数与年平均相对湿度总体演变趋势相似,呈波动下降的趋势。由年均 ET_0 与各气候因子的相关关系可知,风速减小、日照时数减少对 ET_0 的减少作用高于相对湿度减小对其产生的增大作用,所以 ET_0 总体呈减小趋势。

1956～2013 年 4～9 月份各气象要素变化规律如图 3-90 所示。月均温度 7 月和 8 月最高,月均最低温度为 4 月份 6℃;月均风速为 5 月份最大,随着月份月均风速逐渐降低;月均相对湿度随着月份变化逐渐增加,7 月份月均相对湿度达到最大,8 月和 9 月有小幅度的回落;月均日照时数各月份互有差异,6 月月均日照时间最长,之后开始逐渐降低,到 9 月份最小为 256 h。由 4～9 月 ET_0 与各气候因子的相关关系可知,4～6 月,尽管风速减小及相对湿度增大对ET_0有减少作用,但平均气温呈上升趋势对ET_0有增加作用,故 4～6 月 ET_0 呈增加趋势;7～9 月风速、日照时数、温度和湿度均逐渐减小,ET_0 的呈现减小趋势,根据相关性分析可知,影响 ET_0 的主要因素为风速、日照时数和湿度。

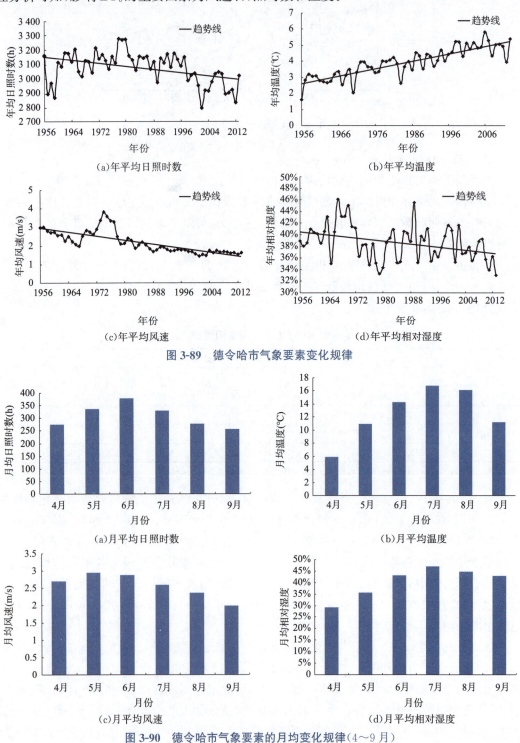

图 3-89 德令哈市气象要素变化规律

图 3-90 德令哈市气象要素的月均变化规律(4～9 月)

3.2.6 四川牧区典型站点

以九龙县为代表进行四川牧区 ET_0 变化趋势分析。

(1) 日均 ET_0 变化趋势

1953～2013 年 4～9 月日均 ET_0 变化如图 3-91～图 3-96 所示。4～9 月日均 ET_0 变化呈现出增加趋势,其中增加速率 4 月为 0.01 mm/10 a,5 月为 0.01 mm/10 a,6 月为 0.03 mm/10 a,7 月为 0.01 mm/10 a,8 月为 0.01 mm/10 a,9 月为 0.02 mm/10 a。

4 月日均 ET_0 变化 3.12～4.26 mm,均值为 3.74 mm;5 月日均 ET_0 变化 3.11～4.77 mm,均值为 3.96 mm;6 月日均 ET_0 变化 3.06～4.49 mm,均值为 3.59 mm;7 月日均 ET_0 变化 2.87～3.99 mm,均值为 3.46 mm;8 月日均 ET_0 变化 2.63～3.98 mm,均值为 3.31 mm;9 月日均 ET_0 变化 2.27～3.35 mm,均值为 2.79 mm。

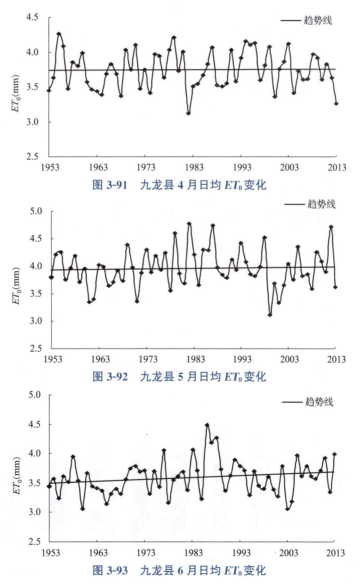

图 3-91 九龙县 4 月日均 ET_0 变化

图 3-92 九龙县 5 月日均 ET_0 变化

图 3-93 九龙县 6 月日均 ET_0 变化

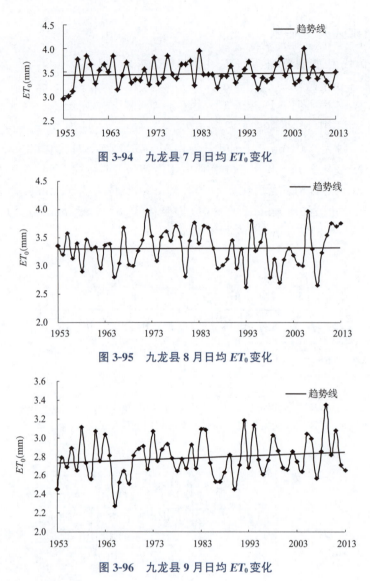

图 3-94 九龙县 7 月日均 ET_0 变化

图 3-95 九龙县 8 月日均 ET_0 变化

图 3-96 九龙县 9 月日均 ET_0 变化

(2) 月均 ET_0 变化趋势

1953~2013 年月均 ET_0 变化如图 3-97 所示。5 月 ET_0 最大而 9 月 ET_0 最小,4 月、6 月、7 月及 8 月 ET_0 相差不大。

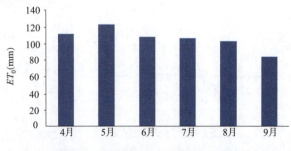

图 3-97 九龙县 4~9 月月均 ET_0 变化

(3) 年际 ET_0 变化趋势

1953～2013 年年际 ET_0 变化如图 3-98 所示。年际 ET_0 整体上呈增加趋势,增加速率为 7.16 mm/10 a,其中最大值为 1 139.33 mm,最小值为 931.88 mm,均值为 1 061.56 mm。在 1955～1965 年 10 年左右时间 ET_0 呈下降趋势,而 1965～1973 年为上升阶段,之后 ET_0 波动较小。

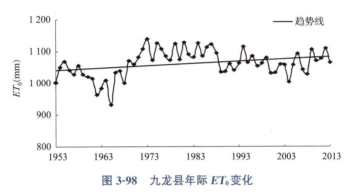

图 3-98　九龙县年际 ET_0 变化

(4) ET_0 影响因素分析

为明确影响 ET_0 变化的气候成因,对 1953～2013 年年均及 4～9 月 ET_0 序列与同期温度、日照时数、风速和相对湿度主要气候要素序列的相关关系进行了分析。结果表明,年均 ET_0 与年平均气温相关不显著,与年日照时数及风速呈极显著($\alpha=0.01$)正相关,与年平均相对湿度呈极显著负相关,见表 3-10。

4～9 月 ET_0 与各气象要素的相关性差异较大:4 月份 ET_0 主要影响因素为温度及相对湿度;5 月、6 月及 9 月 ET_0 影响因素一致,均为日照时数、相对湿度及温度;7 月 ET_0 主要影响因素为日照时数及相对湿度;8 月 ET_0 主要影响因素为风速、日照时数及相对湿度。

表 3-10　九龙县 ET_0 影响因素相关关系分析

影响因素	月　份						年　均
	4 月	5 月	6 月	7 月	8 月	9 月	
风速	0.14	0.22	0.29	0.18	0.40**	0.17	0.51**
日照时数	0.00	0.74**	0.90**	0.83**	0.95**	0.83**	0.39**
相对湿度	−0.60**	−0.68**	−0.68**	−0.69**	−0.79**	−0.48**	−0.48**
温度	0.49**	0.63**	0.52**	0.10	0.18	0.40**	0.19

注:** 表示通过 $\alpha=0.01$ 的显著性检验。

对 1953～2013 年九龙站点主要气象要素变化分析显示(图 3-99),年均温度介于 8～10 ℃之间,年际变化差异较小,总体呈现波动上升趋势;年平均风速总体变化平稳,1953～1969 年,年风速各年际变化较小,呈逐渐下降的趋势,1970 和 1971 年风速陡增,之后继续呈现稳定下降的趋势;年平均相对湿度年际变化差异较小,总体趋势变化平稳,年均相对湿度大致在 60%～65%之间上下波动;年均日照时数总体趋势变化较为平缓,年际变化相对较小。由年均 ET_0 与各气候因子的相关关系可知,在 1965 年出现一极小值点,同样风速的整个变化趋势也具有很好的一致性,先减小再增大再减小,在 1965 年出现一个极小值点。

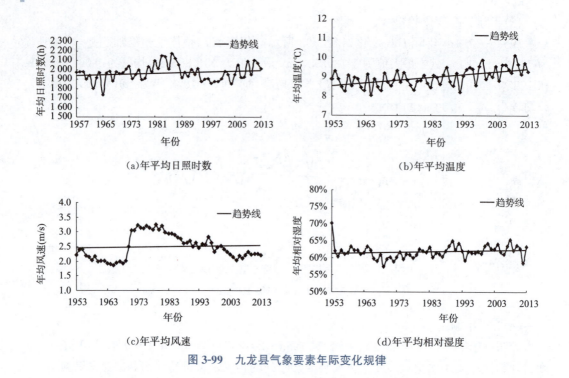

图 3-99 九龙县气象要素年际变化规律

4～9月份各气象要素变化规律如图3-100所示,整体月均温度较高,在9℃以上,6月份月均温度最高达到16.2℃,之后月份呈小幅度下降;月均风速为4月份最大,随着月份月均风速逐渐降低,9月份月均风速降到最低;九龙县月均相对湿度整体较大,各自然月月均相对湿度均在50%以上,4月份最小为53%,随着月份变化逐渐增加,7月份月均湿度达到最大,8月和9月稳定在7月份的水平;月均日照时数4月份和5月份较大,维持在180 h左右,之后下降到140 h,6～9月各月份差异较小,总体呈平稳下降趋势。由4～9月ET_0与各气候因子的相关关系可知,日照时数及风速均在4～5月值较大,而相对湿度4～5月逐渐增加趋势使ET_0值减小,综合各要素使5月ET_0值较大,而6～9月日照时数、风速及相对湿度差异均较小,ET_0相对变化平缓。

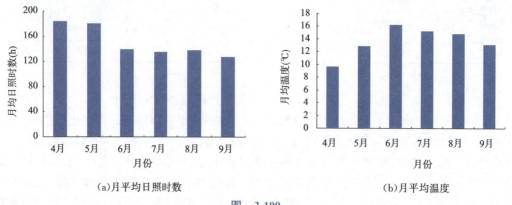

图 3-100

(c)月平均风速　　　　　　　　(d)月平均相对湿度

图 3-100　九龙县气象要素月均变化规律(4～9 月)

3.3　区域 ET_0 变化趋势及其影响因素

三个分区的 ET_0 变化趋势及其影响因素如下：

内蒙古及周边牧区：日均 ET_0 变化在 3.18～5.31 mm，月均变化 95.41～159.28 mm，年均变化为 898.75～1 187.98 mm，其变化趋势的首要影响因素为相对湿度，其次为温度。

新疆牧区：ET_0 日变化为 3.17～5.86 mm，月均变化为 95.03～180.29 mm，年均变化在 784.24～1 183.54 mm，其变化趋势的首要影响因素平均相对湿度。

青藏高原牧区：ET_0 变化较前两个分区小，日均 ET_0 为 1.36～3.72 mm，月均 ET_0 为 53.04～122.77 mm，年均变化为 466.47～1139.33 mm，其变化趋势的首要影响因素日照时数。

4 全国牧区参考作物腾发量时空变异分析

对研究区 ET_0 进行等值线图绘制,共涉及 13 个省份,包括内蒙古、新疆、西藏、四川、青海、甘肃、河北、黑龙江、吉林、辽宁、宁夏、山西及云南。为了更细致地分析研究区 ET_0 的空间分布,首先在分区域(内蒙古及周边干旱半干旱、新疆内陆干旱区、青藏高寒草原区)进行等值线图绘制,且由于内蒙古、新疆、甘肃、四川、青海、西藏面积较大,为牧区主要所在地,故分别对其进行参考作物腾发量 ET_0 分析研究,在此基础上对整个研究区域 ET_0 的时空变异性进行分析。

4.1 内蒙古及周边牧区 ET_0 时空变异性分析

4.1.1 内蒙古

根据内蒙古自治区各地气象站点(表 4-1)近 32 年(1981~2012 年)气象观测资料,利用联合国粮农组织推荐的 Penman-Monteith 公式,计算内蒙古各个气象站点 ET_0,并通过联合国防治荒漠化公约提出的全球干旱指数(UNEP)对其进行气候分区,在此基础上对各气候区 ET_0 进行时间变化趋势分析;同时在进行各月 ET_0 计算的基础上,进行等值线图绘制,确定其空间分布规律。

表 4-1 内蒙古 50 个气象站地理位置坐标

气象站点	经度(°)	纬度(°)	气象站点	经度(°)	纬度(°)
阿巴嘎旗	115.00	44.00	吉兰泰镇	105.80	39.80
阿尔山市	119.90	47.20	集宁区	113.10	41.00
阿拉善左旗	105.70	38.80	开鲁县	121.30	43.60
阿拉善右旗	101.70	39.20	林西县	118.10	43.60
巴林左旗	119.40	44.00	临河区	107.40	40.80
巴彦诺尔公	104.80	40.20	满都拉镇	110.10	42.50
包头市	109.90	40.70	满洲里市	117.40	49.60
宝国吐乡	120.70	42.30	那仁宝力格苏木	114.20	44.60
博克图镇	121.90	48.80	四子王旗	111.70	41.50
赤峰市	118.90	42.30	苏尼特左旗	113.60	43.90
达尔罕茂明安联合旗	110.40	41.70	索伦镇	121.20	46.60
东胜区	110.00	39.80	通辽市	122.30	43.60
东乌珠穆沁旗	117.00	45.50	图里河镇	121.70	50.50

续上表

气象站点	经度(°)	纬度(°)	气象站点	经度(°)	纬度(°)
多伦县	116.50	42.20	翁牛特旗	119.00	42.90
额尔古纳市	120.20	50.30	乌拉特中旗	108.50	41.60
额济纳旗	101.10	42.00	乌兰浩特市	122.10	46.10
鄂托克旗	108.00	39.10	西乌珠穆沁旗	117.60	44.60
二连浩特市	112.00	43.70	锡林浩特市	116.10	44.00
拐子湖	102.40	41.40	小二沟	123.70	49.20
海拉尔区	119.80	49.20	新巴尔虎右旗	116.80	48.70
海力素村	106.40	41.40	新巴尔虎左旗	118.30	48.20
杭锦后旗	107.10	40.90	伊金霍洛旗	109.70	39.60
呼和浩特	111.70	40.80	扎兰屯市	122.70	48.00
化德县	114.00	41.90	扎鲁特旗	120.90	44.60
吉柯德	99.90	41.90	朱日和镇	112.90	42.40

1. 气候分区

根据气候分区标准(表 4-2)对内蒙古自治区进行气候分区,可知内蒙古地区包括特干旱、干旱、半干旱、干旱半湿润及湿润半湿润气候区。特干旱气候区分布在内蒙古西部地区,干旱气候区坐落在中西部地区,往东是半干旱气候区,它囊括了内蒙古大部分地区,包括中部和中东部地区。位于内蒙古东北部丘陵地带的干旱半湿润气候区,其作为一个过渡带将中部和中东部地区的半干旱气候区与东部地区的湿润半湿润气候区连接起来。再往东是研究地区东部的湿润半湿润气候区。对这些半湿润气候区来讲,公认的理论:受到北部大兴安岭大面积森林覆盖率的影响,这些地区的温差和 ET_0 都很小,加上降水较多,便产生了这些半湿润气候区。总体上从西部地区到东部地区依次由特干旱气候区向湿润半湿润气候区过渡。

表 4-2 基于 UNEP 干旱指数的气候分区标准

气候分区	UNEP 干旱指数
特干旱	<0.08
干旱	0.08~0.20
半干旱	0.20~0.50
干旱半湿润	0.50~0.65
湿润半湿润	0.65~1.0
湿润	>1.0

2. ET_0 时间变化特征

图 4-1 为内蒙古 1981~2012 年年际 ET_0 变化,ET_0 集中分布在 975~1 075 mm 之间,年际波动较小,均值为 1 028 mm。

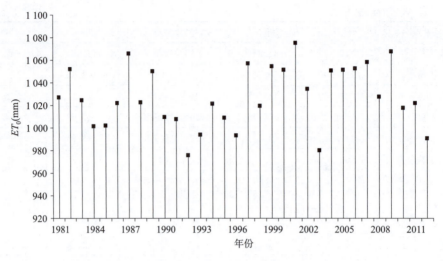

图 4-1　内蒙古年际 ET_0 变化

(1)特干旱气候区变化特征

图 4-2 所示为特干旱气候区 ET_0 变化,32 年平均 ET_0 为 1 488.55 mm,平均 ET_0 上下波动变化,总体变化趋势不显著,其最大值出现在 1987 年,为 1 572.84 mm,最小值出现在 1996 年,为 1 401.36 mm,两者相差 171.48 mm。该气候区内年均 ET_0 倾向率等于 0.183,其绝对值趋近于零,说明该地区的年均 ET_0 是以 1.83 mm/10 a 的速度缓慢增加,其增加趋势并不明显。从 8 年滑动平均来看,在 32 年期间内,特干旱气候区的年均 ET_0 在 20 世纪 80 年代初到 90 年代初一直处于缓慢下降阶段,其值从 1 501.07 mm 减小到了 1 450.60 mm,减幅仅有 3.36%。20 世纪 90 年代初期至 21 世纪初,年均 ET_0 又呈现缓慢的上升趋势,其值由 1 450.60 mm 增大到 1 502.51 mm,增幅仅为 3.6%。之后年均 ET_0 的变化趋于平稳。

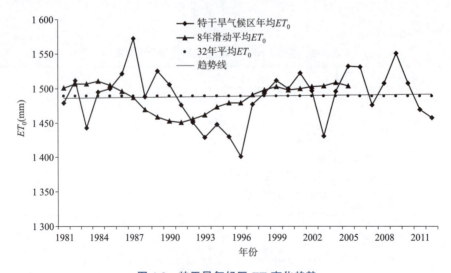

图 4-2　特干旱气候区 ET_0 变化趋势

(2)干旱气候区变化特征

图 4-3 所示为干旱气候区 ET_0 变化,32 年平均 ET_0 为 1 207.08 mm,较特干旱气候区减少了近 300 mm。从多年 ET_0 年际总量曲线来看,逐年 ET_0 围绕其平均值上下波动,年际变化较小,最大最小 ET_0 值出现在 1997 年和 2003 年,分别为 1 269.46 mm 和 1 145.29 mm,相差 124.17 mm。该气候区内的 ET_0 倾向率等于−0.098,其绝对值接近零,进一步表明其年际变化很小,但总体趋势是逐渐变小的,其减小速度为 0.98 mm/10 a,该趋势很微弱。就 8 年滑动平均而言,从 20 世纪 80 年代初到 90 年代初,干旱气候区内的 ET_0 一直处于小幅减小的阶段,20 世纪 90 年代初到 21 世纪初期,年际 ET_0 经历了不断增加的变化趋向,之后的 5 年内趋于稳定。

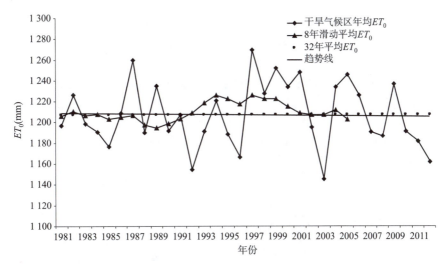

图 4-3　干旱气候区 ET_0 变化趋势

(3)半干旱气候区变化特征

图 4-4 所示为半干旱气候区 ET_0 变化,32 年平均 ET_0 为 962.70 mm,较干旱气候区减小了 240 mm 左右。各年 ET_0 围绕其多年平均值上下波动,其倾向率接近零(0.231),说明年际变化非常微弱,该气候区内的年际 ET_0 以 2.31 mm/10 a 的速度缓慢增加,几乎可以忽略不计。最大值出现在 2001 年,为 1 012.81 mm,最小值出现在 1992 年,为 900.36 mm,最大最小值相差 112 mm。8 年滑动平均值变化曲线显示,在 20 世纪 80 年代初与 90 年代初期间,其变化与干旱气候区一致,都表现为逐年减小的趋势;从 90 年代初到 90 年代末,表现为逐年增大的趋势,在 21 世纪初期以后,ET_0 年际累计量回归平稳状态,其值围绕平均值上下波动。

(4)干旱半湿润气候区变化特征

图 4-5 所示为干旱半湿润气候区 ET_0 变化,32 年平均 ET_0 为 779.60 mm,较半干旱气候区减少了 183 mm,减幅较之前的气候区小。在该气候区内,多年平均 ET_0 呈现出逐年增加的趋势,其年际倾向率为 2.169,说明 ET_0 是以 21.69 mm/10 a 的速度逐年递增。从 1981 年到 1995 年,逐年累计 ET_0 一直处于平均水平以下,同时还伴有上下波动,最小值出现在 1984 年,其值为 710.18 mm。1995 年以后,年际 ET_0 沿着平均值上下波动,其总体趋

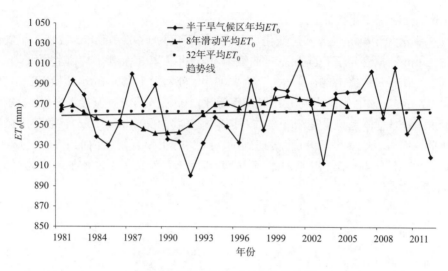

图 4-4　半干旱气候区 ET_0 变化趋势

势也是不断增加的,最大值出现在 2001 年,为 856.96 mm。从 8 年滑动平均可知,该气候区近 32 年时间内,从 20 世纪 80 年代初到 90 年代初,年际 ET_0 一直维持在 750 mm 左右,从 90 年代初到 20 世纪末,ET_0 处于稳步增大的状态,最大滑动平均值为 815.86 mm。之后有逐年递减的趋势。

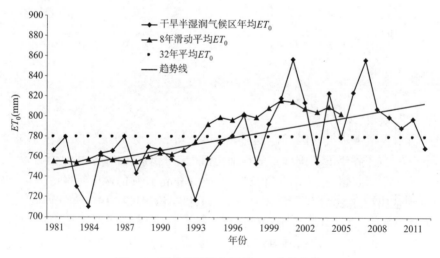

图 4-5　干旱半湿润气候区 ET_0 变化趋势

(5)湿润半湿润气候区变化特征

图 4-6 所示为湿润半湿润气候区 ET_0 变化,32 年平均 ET_0 较干旱半湿润气候区更小,其值为 642.81 mm。与干旱半湿润气候类似,从 1981 到 1998 年,年均 ET_0 一直在 32 年平均值以下上下波动,最小值出现在 1984 年,为 570.58mm,从 1999 到 2012 年,年均 ET_0 处在 32 年平均值上方上下波动,最大值在 2007 年,为 735.06 mm。从该气候区近 32 年的总体趋势来看,年 ET_0 变化曲线呈上升趋势,波峰值也有逐年上升的趋势,年际变化相对其他

气候区来说最为明显,增长速度为 26.47 mm/10 a。就 8 年滑动平均来看,在 32 年时间里,从 20 世纪 80 年代初到 20 世纪末,该气候区内的年 ET_0 表现为逐年递增的趋势,之后呈现回归稳态。

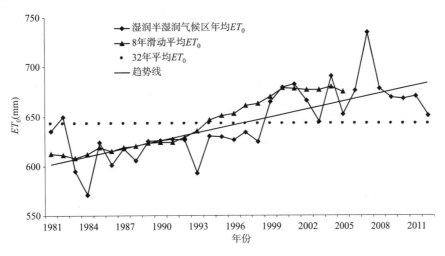

图 4-6 湿润半湿润气候区 ET_0 变化趋势

由以上分析可知,近 32 年内,内蒙古五个气候区的多年 ET_0 变化趋势很小,且都在各自的变化范围内上下波动。从特干旱气候区到湿润半湿润气候区,其 ET_0 波动区间分别为 1 450~1 510 mm、1 194~1 226 mm、941~979 mm、754~816 mm 和 608~680 mm,波动幅度均在 100 mm 以内,且其 ET_0 值逐渐减小,即越湿润的气候区,年累计 ET_0 越小。从 ET_0 最大最小值的出现年份来看,表现出了很强的随机性。从 8 年滑动平均曲线发现,内蒙古五个气候区的 ET_0 变化趋势极为相似,没有出现突变较大的年份。其中,特干旱和干旱气候区表现出了微弱的上升趋势,其余三个气候区的变化趋势均相对稳定,尤以半干旱和干旱半湿润气候区最为明显。

(6) ET_0 季节变化及趋势分析

内蒙古位于我国内陆腹地,受温带大陆性气候的影响,ET_0 的时间分配不均衡。就全年而言,因为各月份的 ET_0 差异显著,最大最小月份相差 160 mm 之多,致使季节性 ET_0 的分布不均匀。从内蒙古 1981~2012 年的月均 ET_0 分布图(图 4-7)来看,一年 ET_0 主要集中在 4~10 月份,即作物的生育期阶段,7 个月的 ET_0 占全年 ET_0 总量的 80% 以上。

3. ET_0 空间变化特征

年际 ET_0 从内蒙古自治区西部到东北部逐渐减小,即从特干旱气候区到湿润半湿润气候区。其中西部特干旱气候区 ET_0 值最大,为 1 300~1 700 mm,该气候区地处阿拉善高原,地形地貌贫瘠,多为戈壁和沙漠地貌,风大、温差大、日照时数长是该地区的主要气候特征,因而全年 ET_0 偏高;中西部干旱气候区 ET_0 次之,为 1 000~1 400 mm,该气候区地处鄂尔多斯高原,受到阴山山脉和大陆性气候的影响,春季多大风天气,在沙区常伴有沙尘暴灾害,属于荒漠草原区。

内蒙古中部和中东部地区的半干旱气候区,包括了阴山山脉大部和锡林郭勒高原的全

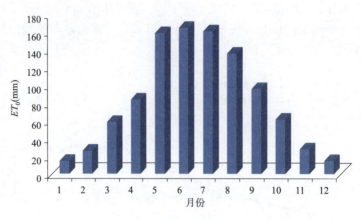

图 4-7　内蒙古月均 ET_0 分布

部,以及乌珠穆沁高原、大兴安岭和呼伦贝尔高原的一部分,在该气候区内,中部地区的年际 ET_0 要普遍大于中东部地区,造成该现象的主要原因是中部地区的年际平均风速偏高(特别是春、夏两季),致使该地区的年际平均相对湿度变小,加上中东部地区受到大兴安岭南部山脉的影响,从而导致了 ET_0 数值的增加,其总体变化趋势为从中部到中东部地区,多年 ET_0 逐渐减小,为 700～1 100 mm,波动幅度与之前两个气候区很接近。

内蒙古东北部丘陵地带的干旱半湿润气候区,该气候区地处呼伦贝尔高原和大兴安岭山脉中部,随着纬度的增加,全年太阳总辐射量逐渐减小,日照时间缩短,该地区内的总辐射量下降到 120 kcal/cm² 以下,最终导致年际 ET_0 减小,为 600～900 mm。

内蒙古东北部地区的湿润半湿润气候区,它位于大兴安岭山脉地区,在该地区内,等温线走向与山地走向一致,东麓一侧为暖区,降水充足,受到大兴安岭地区大面积森林覆盖率的影响,该地区多年平均降水量达到 470 mm,从而导致 ET_0 值最小,为 500～700 mm。

4. ET_0 空间插值误差估计与交叉检验

对不同月份 ET_0 进行空间插值误差估计及交叉验证,平均误差越接近于 0,说明预测的差异性越小,均方根误差越接近于 1,说明预测的相关性越好,均方根误差小于 1,说明空间变异被高估,均方根误差大于 1,表明样本的空间变异被低估。由表 4-3 可知,全年平均误差较大,即预测的差异性较大,全年的均方根误差大于 1,说明全年的样本空间变异被低估;5～9 月平均误差较接近于 0,说明预测的差异性较小,4 月和 10 月的平均误差较大,说明预测的差异性较大;4～10 月份均方根误差均大于 1,即其空间变异性均被低估。

平均标准化误差是标准化预测误差与标准化均方差的比值,如果模型预测是无偏估计,平均标准化误差值等于 0。由表 4-3 可知,总体上不同月份 ET_0 的标准化误差均较小,表明用空间预测模型对 ET_0 进行预测是合适的,而且克里格插值结果可较为准确地反映其空间分布状况。

表 4-3　内蒙古 ET_0 空间分布模型的交叉验证

月　份	测定均值(mm)	预测均值(mm)	误　　差	均方根误差	标准化误差
4 月	83.845	85.464	1.619	25.828	0.062
5 月	157.823	157.696	−0.127	27.694	−0.005
6 月	147.149	147.383	0.234	50.696	0.004
7 月	161.750	161.344	−0.406	34.645	−0.012
8 月	145.066	145.330	0.264	25.950	0.010
9 月	115.664	115.665	0.001	25.334	0.000
10 月	85.122	85.898	0.776	27.928	0.028
全年	930.729	921.787	−8.942	135.759	−0.044

4.1.2 甘　肃

根据甘肃省各地气象站点(表 4-4)近 32 年(1981～2012 年)气象观测资料,利用联合国粮农组织推荐的 Penman-Monteith 公式,计算甘肃省各个气象站点 ET_0,并通过联合国防治荒漠化公约提出的全球干旱指数(UNEP)对其进行气候分区,在此基础上对各气候区 ET_0 进行时间变化趋势分析;同时在进行各月 ET_0 计算的基础上,进行等值线图绘制,确定其空间分布规律。

表 4-4　甘肃省 33 个气象站点地理位置坐标

气象站点	经度(°)	纬度(°)
敦煌市	94.68	40.15
瓜州县	95.92	41.17
鼎新镇	99.52	40.3
梧桐沟	98.62	40.72
玉门镇	97.03	40.27
马鬃山镇	97.03	41.8
酒泉市	98.48	39.77
民勤县	103.08	38.63
高台县	99.83	39.37
景泰县	104.05	37.18
武威市	102.67	37.92
山丹县	101.08	38.8
皋兰县	103.93	36.35
永昌县	101.97	38.23
靖远县	104.68	36.57
松山镇	103.5	37.12

续上表

气象站点	经度(°)	纬度(°)
兰州市	103.88	36.05
会宁县	105.08	35.68
环县	107.3	36.58
榆中县	104.15	35.87
武都区	104.92	33.4
崆峒区	106.58	35.33
麦积区	106.42	34.42
西峰区	107.63	35.73
乌鞘岭	102.87	37.2
天水市	105.75	34.58
临夏州	103.18	35.58
华家岭镇	105	35.38
临洮县	103.85	35.35
合作市	102.9	35
岷县	104.02	34.43
玛曲县	102.08	34
郎木寺镇	102.63	34.08

1. 气候分区

根据气候分区标准(表 4-2)对甘肃省进行气候分区,可知甘肃省包括特干旱、干旱、半干旱、干旱半湿润及湿润半湿润气候区。特干旱气候区分布在甘肃省的西北地区,其次干旱及半干旱气候区主要分布在甘肃省的中部区域,而干旱半湿润及湿润半湿润气候区主要分布在甘肃省的东南地区。整体上从西北向东南地区依次由特干旱气候区向湿润半湿润气候区过渡。

2. ET_0 时间变化特征

图 4-8 为甘肃省 1981～2012 年年际 ET_0 变化,ET_0 集中分布在 1 024～1 208 mm 之间,均值为 1 105.59 mm。

(1)特干旱气候区变化特征

图 4-9 所示为特干旱气候区 ET_0 变化,32 年平均 ET_0 为 2 043.35 mm,各年 ET_0 总量上下波动变化,总体变化趋势逐渐升高,其最大值出现在 2010 年,为 2 745.39 mm,最小值出现在 2008 年,为 1 569.28 mm,两者相差 1 176.11 mm。从 8 年滑动平均来看,在 32 年期间内,特干旱气候区的年均 ET_0 在 1981 年以后一直处于缓慢上升阶段,其值从 1 836.90 mm 增加到了 2 255.23 mm,只有 21 世纪初有下降趋势,但随后又继续升高。

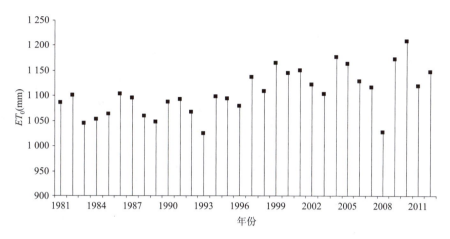

图 4-8　甘肃省年际 ET_0 变化

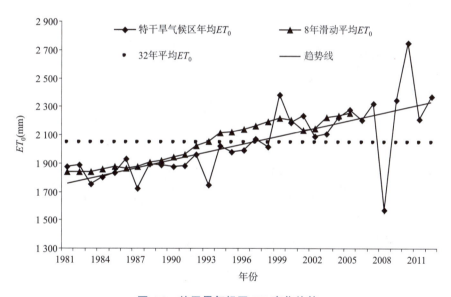

图 4-9　特干旱气候区 ET_0 变化趋势

(2)干旱气候区变化特征

图 4-10 所示为干旱气候区的 ET_0 变化,32 年平均 ET_0 为 1 085.88 mm,较特干旱气候区减少了近 960 mm。从多年 ET_0 年际总量曲线来看,逐年 ET_0 围绕 32 年平均值上下波动,年际变化较小,最小最大 ET_0 值出现在 1993 年和 2004 年,分别为 1 031.14 mm 和 1 154.54 mm,相差 123.4 mm。就 8 年滑动平均而言,从 1981 年到 1988 年,干旱气候区内的 ET_0 一直处于稳定阶段,20 世纪 90 年代初到 21 世纪初期,年际 ET_0 经历了不断增加的变化趋向,之后渐渐趋于稳定。

(3)半干旱气候区变化特征

图 4-11 所示为半干旱气候区 ET_0 变化,32 年平均 ET_0 为 889.81 mm,较干旱气候区减小了 200 mm 左右。最大值出现在 1987 年,为 959.78 mm,最小值出现在 2011 年,为

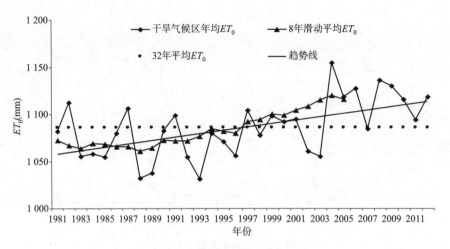

图 4-10 干旱气候区 ET_0 变化趋势

827.75 mm,最大最小值相差 132 mm。8 年滑动平均值变化曲线显示,在 20 世纪 80 年代初到 90 年代初期,表现为逐年减小的趋势,减小趋势较为缓慢。之后也表现为逐年减小的趋势,但减小趋势较为明显。

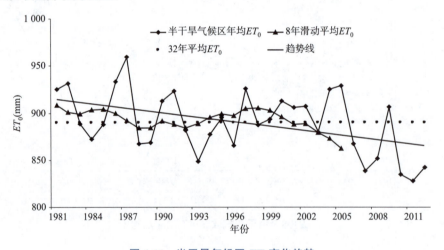

图 4-11 半干旱气候区 ET_0 变化趋势

(4)干旱半湿润气候区变化特征

图 4-12 所示为干旱半湿润气候区的 ET_0 变化,32 年平均 ET_0 为 831.27 mm,较之前的半干旱气候区减少了 59 mm,减幅较之前的气候区小。在该气候区内,多年平均 ET_0 呈现出逐年增加的趋势,最小值出现在 2007 年,其值为 644.87 mm。年际 ET_0 沿着 32 年平均值上下波动,其总体趋势也是不断增加的,最大值出现在 2004 年,为 897.43 mm。其中最大最小值相差 252.56 mm 左右。从 8 年滑动平均可知,该气候区近 32 年时间内,从 20 世纪 80 年代初到 90 年代初,年际 ET_0 一直维持在稳定状态,从 90 年底初到该世纪末,ET_0 处于稳步增大的状态,之后有逐年递减的趋势。

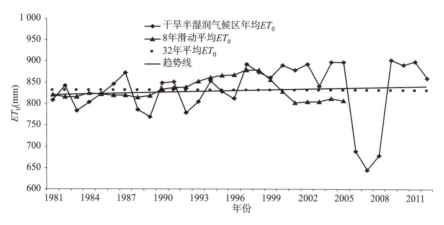

图 4-12　干旱半湿润气候区 ET_0 变化趋势

(5)湿润半湿润气候区变化特征

图 4-13 所示为湿润半湿润气候区 ET_0 变化,32 年平均 ET_0 较干旱半湿润气候区更小,其值为 793.64 mm。年均 ET_0 一直在上下波动,但总体处于上升状态,最小值出现在 1989 年,为 737.73 mm,最大值在 2010 年,为 841.16 mm。就该气候区近 32 年的总体趋势来看,年 ET_0 变化曲线呈上升趋势,波峰值也有逐年上升的趋势;就 8 年滑动平均来看,在 32 年时间里,从 20 世纪 80 年代初到 21 世纪初,该气候区内的 ET_0 表现为逐年递增的趋势,之后呈现回归稳态。

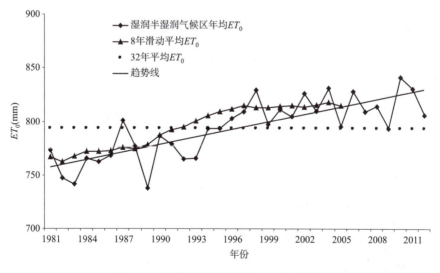

图 4-13　湿润半湿润气候区 ET_0 变化趋势

由以上分析可知,近 32 年内,甘肃省五个气候区的多年 ET_0 变化趋势很微弱,且都在各自的变化范围内上下波动。从特干旱气候区到湿润半湿润气候区,其 ET_0 波动区间分别为 1 700～2 700 mm、1 025～1 150 mm、825～960 mm、625～900 mm 和 740～840 mm,从 8 年滑动平均曲线发现,甘肃省除了特干旱气候区,其他四个气候区的 ET_0 变化趋势极为相似,都保持稳定状态。特干旱气候区变化比较明显,ET_0呈逐渐上升的趋势。

(6)ET_0季节变化及趋势分析

甘肃省位于我国内陆腹地,受温带大陆性气候的影响,ET_0的时间分配不均衡。就全年而言,因为各月份的ET_0差异显著,最大最小月份相差 100 mm,致使季节性ET_0的分布也很不均匀。从甘肃省 1981～2012 年的月均ET_0分布图(图 4-14)来看,一年中ET_0主要集中在 4～10 月份,即作物的生育期阶段,7 个月的ET_0占全年ET_0总量的 70%以上。特别是夏季(5～7 月)的ET_0总量最多,占到了全年ET_0总量的 45%。说明夏季是ET_0最大的季节,需要大量的人为灌溉,是作物生长发育最重要的时间段,而秋季和冬季的ET_0总量则相对较小。

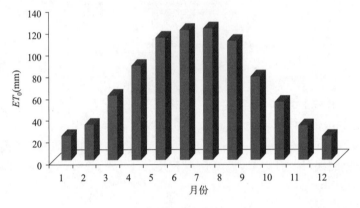

图 4-14　甘肃省月均ET_0分布

3. ET_0空间变化特征

年际ET_0从甘肃省西北部到东南部逐渐减小,即从特干旱气候区到湿润半湿润气候区。其中西北部特干旱气候区的年际ET_0值最大,为 1 100～1 300 mm,该气候区地形地貌贫瘠,多为戈壁和沙漠地貌,风大、温差大、日照时数长是该地区的主要气候特征,因而全年ET_0偏大;中西部干旱气候区ET_0次之,为 1 000～1 200mm。另外,西北部有部分地区ET_0为 1 100～1 200 mm。

4. ET_0空间插值误差估计与交叉检验

对甘肃省不同月份各站点ET_0进行空间插值误差估计及交叉验证,由表 4-5 可知,全年平均误差接近于 0,说明预测的差异性较小,全年均方根误差大于 1,其空间变异性均被低估;4～9 月份平均误差值较大,说明预测的差异性大,10 月份平均误差接近于 0,说明预测的差异性较小;4～10 月份均方根误差均大于 1,表明其空间变异性均被低估。

全年平均标准化误差非常接近于 0,因此模型预测是无偏估计,4～10 月份ET_0的标准化误差均比较小,表明用空间预测模型对ET_0进行预测是合适的,且克里格插值结果可较为准确地反映其空间分布状况。

表 4-5　甘肃省 ET_0 空间分布模型的交叉验证

月　份	测定均值(mm)	预测均值(mm)	误　　差	均方根误差	标准化误差
4 月	88.072	86.247	−1.825	29.360	−0.059
5 月	113.649	111.282	−2.366	38.067	−0.058
6 月	120.918	118.516	−2.402	39.962	−0.056
7 月	122.236	120.261	−1.975	39.879	−0.046
8 月	110.563	108.986	−1.576	35.964	−0.041
9 月	78.085	76.976	−1.109	26.289	−0.039
10 月	54.386	53.860	−0.526	18.215	−0.027
全年	944.326	944.171	−0.155	117.689	0.003

4.2　新疆牧区 ET_0 时空变异性分析

根据新疆维吾尔自治区各地气象站点(表 4-6)近 63 年(1951～2013 年)气象观测资料,利用联合国粮农组织推荐的 Penman-Monteith 公式,计算新疆各个气象站点 ET_0,并通过联合国防治荒漠化公约提出的全球干旱指数(UNEP)对其进行气候分区,在此基础上对各气候区 ET_0 进行时间变化趋势分析;同时在进行各月 ET_0 计算的基础上,进行等值线图绘制,确定其空间分布规律。

表 4-6　新疆 68 个气象站点地理位置坐标

气象站点	经度(°)	纬度(°)
淖毛糊镇	95.13	43.77
吐鲁番市	89.20	42.93
十三间房	91.75	43.20
若羌县	88.17	39.03
塔中镇	83.67	39.00
且末县	85.55	38.15
安德河	83.65	37.93
鄯善县	90.23	42.85
铁干里克乡	87.70	40.63
民丰县	82.72	37.07
和田区	79.93	37.13
哈密市	93.52	42.82
红柳河	94.67	41.53
尉犁县	86.27	41.35
于田县	81.65	36.85
库尔勒市	86.13	41.75
库米什镇	88.22	42.23

续上表

气象站点	经度(°)	纬度(°)
莎车县	77.27	38.43
阿拉尔市	81.27	40.55
达坂城区	88.32	43.35
皮山县	78.28	37.62
沙雅县	82.78	41.23
喀什区	75.98	39.47
库车市	82.97	41.72
轮台县	84.25	41.78
巴楚县	78.57	39.80
焉耆县	86.57	42.08
麦盖提县	77.63	38.91
阿克苏地区	80.23	41.17
阿拉山口市	82.57	45.18
塔什库尔干县	75.23	37.77
柯坪县	79.05	40.50
伊吾县	94.70	43.27
克拉玛依市	84.85	45.62
精河县	82.90	44.62
阿图什市	75.16	39.71
乌恰县	75.25	39.72
福海县	87.47	47.12
蔡家湖镇	87.53	44.20
和布克赛尔县	85.72	46.78
乌苏市	84.67	44.43
拜城县	81.90	41.78
阿合奇县	78.45	40.93
巴伦台镇	86.30	42.73
北塔山	90.53	45.37
富蕴县	89.52	46.98
奇台县	89.57	44.02
哈巴河县	86.40	48.05
吉木乃县	85.87	47.43
布尔津县	86.88	47.71
青河县	90.38	46.67
石河子市	86.05	44.32
呼图壁县	86.82	44.13
阿勒泰地区	88.08	47.73

续上表

气象站点	经度(°)	纬度(°)
博乐市	82.05	44.86
托里县	83.60	45.93
巴里坤县	93.05	43.60
乌兰乌苏镇	85.87	44.31
乌鲁木齐市	87.65	43.78
温泉县	81.02	44.97
伊宁市	81.33	43.95
塔城市	83.00	46.73
吐尔尕特	75.40	40.52
巴音布鲁克	84.15	43.03
尼勒克县	82.57	43.80
天池	88.12	43.88
牧试站	87.18	43.45
昭苏县	81.13	43.15

4.2.1 气候分区

根据气候分区标准(表 4-2)对新疆维吾尔自治区进行气候分区,可知新疆地区包括特干旱、干旱、半干旱及干旱半湿润气候区,其中主要为特干旱气候区和干旱气候区,且南部基本为特干旱气候区而北部主要为干旱气候区,半干旱气候区较少,分布在新疆的北部区域,而干旱半湿润气候区仅在北部零星分布。

4.2.2 ET_0 时间变化特征

图 4-15 为新疆 1951~2013 年的年际 ET_0 变化,ET_0 集中分布在 1 008~1 142 mm 之间,均值为 1 086.35 mm。新疆年平均 ET_0 呈现出明显的变化规律:1979~1992 年基本为逐年减少的规律,而 1992~2007 年基本为逐年增加的趋势。

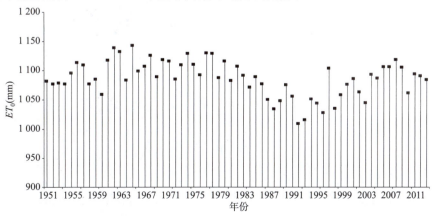

图 4-15 新疆年际 ET_0 变化

(1) 特干旱气候区变化特征

图 4-16 所示为特干旱气候区 ET_0 变化,63 年平均 ET_0 为 1 227.21 mm,各年 ET_0 总量上下波动变化,总体表现为减小趋势,其最大值出现在 1956 年,为 1 285.24 mm,最小值出现在 1991 年,为 1 134.78 mm。从 8 年滑动平均来看,在 63 年期间内,特干旱气候区的年均 ET_0 在 1961~1989 年一直处于减小的阶段,但 1989 年后又继续升高。

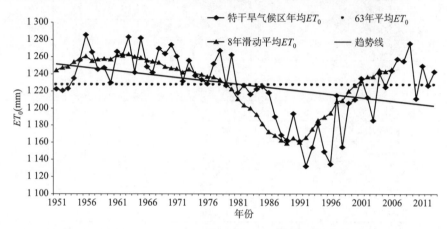

图 4-16 特干旱气候区 ET_0 变化趋势

(2) 干旱气候区变化特征

图 4-17 所示为干旱气候区 ET_0 变化,63 年平均 ET_0 为 1 039.88 mm,较特干旱气候区减少 187.33 mm。年 ET_0 总量上下波动变化,总体表现为减小趋势,其最大值出现在 1974 年,为 1 133.68 mm,最小值出现在 1993 年,为 944.45 mm。就 8 年滑动平均而言,ET_0 基本呈现增大—减小—增大的变化过程。

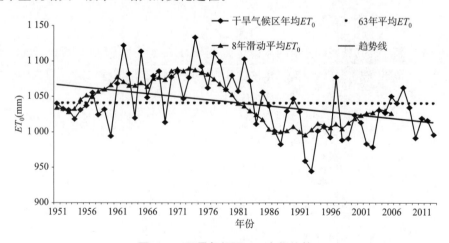

图 4-17 干旱气候区 ET_0 变化趋势

(3) 半干旱气候区变化特征

图 4-18 所示为半干旱气候区 ET_0 变化,63 年平均 ET_0 值为 918.28 mm,较干旱气候区减小了 121.6 mm。年 ET_0 总量上下波动变化,总体表现为增大趋势,最大值出现在1962 年,

为 981.08 mm，最小值出现在 1960 年，为 855.95 mm，最大最小值相差 125.13 mm。8 年滑动平均值变化曲线显示，ET_0 多年的变化并没有一贯的规律性，呈上下波动变化。

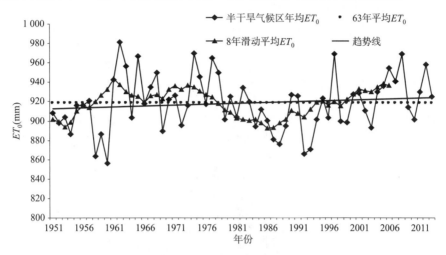

图 4-18 半干旱气候区 ET_0 变化趋势

(4) 干旱半湿润气候区变化特征

图 4-19 所示为干旱半湿润气候区 ET_0 变化，63 年平均 ET_0 为 806.10 mm，较之前的半干旱气候区减少了 112.18 mm。由图 4-19 可知，在该气候区内，年均 ET_0 上下波动，最大值出现在 2012 年，为 844.17 mm，最小值出现在 1955 年，为 776.18 mm。其中最大最小值相差 67.99 mm。年际 ET_0 总体趋势比较平缓。从 8 年滑动平均可知，该气候区近 63 年时间内，其一直在上下波动变化。

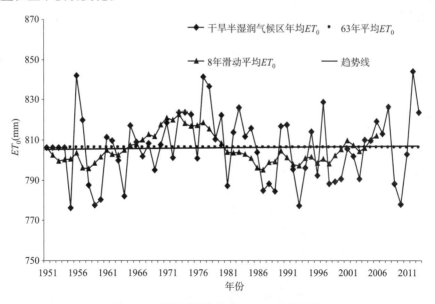

图 4-19 干旱半湿润气候区 ET_0 变化趋势

由以上分析可知,近63年内,从特干旱气候区到干旱半湿润气候区,其ET_0波动区间分别为1 134～1 285 mm、944～1 133 mm、855～981 mm 和776～844 mm,且特干旱气候区及干旱气候区呈现出较显著的下降趋势,而半干旱及干旱半湿润气候区呈现出上升趋势,但变化幅度较小。从ET_0最大最小值的出现年份来看,表现出了很强的随机性。

(5)ET_0季节变化及趋势分析

年内月均ET_0变化趋势呈单峰曲线形状,如图4-20所示。最大值出现在7月,达到了178.15 mm,最小值在12月,为12.3 mm,可见各月份的ET_0差异显著,最大最小月份相差165.85 mm,致使季节性参考作物腾发量的分布很不均匀。一年中ET_0主要集中在4～9月份,占全年ET_0总量的82%,即作物的整个生长发育期。

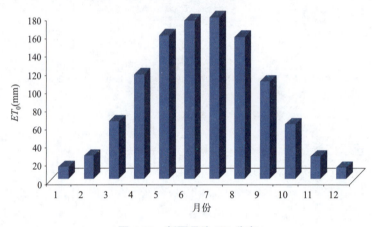

图4-20 新疆月均ET_0分布

4.2.3 ET_0空间变化特征

1951～2013年新疆68个气象站年均ET_0为1 086 mm,但因地域、气候等自然条件的差异,各站年均ET_0变化在660～1 800 mm之间。ET_0空间分布总体表现为南疆大于北疆、东部大于西部、盆地大于山区。新疆东部的吐鲁番、哈密盆地,南疆的塔里木盆地中、东部以及北疆的准噶尔盆地西南部等地干旱半湿润气候区的ET_0高值区,多为1 400～1 800 mm,其中东疆"百里风区"等风口、风线和荒漠戈壁地带高达1 800 mm,为ET_0最大的区域;天山、阿尔泰山和昆仑山为低值区,一般为800～1 000 mm,高海拔地带甚至不足800 mm,是ET_0最小的区域;全疆的其余大部分地区ET_0为南疆800～1 200 mm,北疆800～1 000 mm。对比年平均气温、日照时数、平均风速和空气相对湿度的空间分布可知,新疆ET_0的空间分布与其具有非常好的对应关系。总体来说,气温高、日照时间长、风速大、空气相对湿度小的区域,ET_0较大,反之较小。

4.2.4 ET_0空间插值误差估计与交叉检验

对新疆不同月份各站点ET_0进行空间插值误差估计及交叉验证,由表4-7可知,全年误差值较大,说明预测差异性较大,且全年均方根误差大于1,表明样本空间变异被低估;4月、9月、10月的平均误差均接近于0,说明其预测差异性较小;5～8月平均误差较大,表明其预测差异性较大;4~10月均方根误差均大于1,即其空间变异性均被低估。

平均标准化误差是标准化预测误差与标准化均方差的比值,如果模型预测是无偏估计,则平均标准化误差值等于0。由表4-7可知,标准化误差均较小,表明用空间预测模型对ET_0进行预测是合适的,且克里格插值结果可较为准确地反映其空间分布状况;4~10月份标准化误差均接近于0,表明用空间预测模型对ET_0进行预测是合适的。

表 4-7　新疆 ET_0 空间分布模型的交叉验证

月　　份	测定均值(mm)	预测均值(mm)	误　　差	均方根误差	标准化误差
4月	115.045	114.301	−0.744	20.764	−0.029
5月	158.216	156.960	−1.256	30.726	−0.036
6月	175.059	173.946	−1.113	30.859	−0.035
7月	178.146	176.971	−1.175	30.551	−0.038
8月	156.536	155.330	−1.206	27.996	−0.038
9月	107.288	106.379	−0.909	21.082	−0.036
10月	60.174	59.606	−0.567	13.486	−0.034
全年	1 033.712	1 049.646	15.934	97.072	0.082

4.3　青藏高原牧区 ET_0 时空变异性分析

4.3.1　西　　藏

1. 气候分区

根据西藏自治区各地气象站点(表4-8)近31年(1982~2012年)气象观测资料,利用联合国粮农组织推荐的Penman-Monteith公式,计算西藏各个气象站点ET_0,并通过联合国防治荒漠化公约提出的全球干旱指数(UNEP)对其进行气候分区,在此基础上对各气候区ET_0进行时间变化趋势分析;同时在进行各月ET_0计算的基础上,进行等值线图绘制,确定其空间分布规律。

表 4-8　西藏37个气象站点地理位置坐标

气象站点	经度(°)	纬度(°)	气象站点	经度(°)	纬度(°)
狮泉河镇	80.08	32.50	拉孜县	87.60	29.08
普兰县	81.25	30.28	左贡县	97.83	29.67
改则县	84.42	32.15	墨竹工卡县	91.73	29.85
八宿县	96.92	30.05	当雄县	91.10	30.48
江孜县	89.60	28.92	那曲县	92.07	31.48
定日县	87.08	28.63	昌都县	97.17	31.15
隆子县	92.47	28.42	安多县	91.10	32.35
琼结县	91.68	29.03	帕里镇	89.08	27.73

续上表

气象站点	经度(°)	纬度(°)	气象站点	经度(°)	纬度(°)
尼木县	90.17	29.43	聂拉木县	85.97	28.18
申扎县	88.63	30.95	芒康县	98.60	29.68
泽当县	91.77	29.25	比如县	93.78	31.48
班戈县	90.02	31.38	索县	93.78	31.88
贡嘎县	90.98	29.30	类乌齐县	96.60	31.22
日喀则市	88.88	29.25	林芝市	94.33	29.67
浪卡子县	90.40	28.97	丁青县	95.60	31.42
拉萨市	91.13	29.67	察隅县	97.47	28.65
洛隆县	95.83	30.75	嘉黎县	93.28	30.67
加查县	92.58	29.15	波密县	95.77	29.87
南木林县	89.10	29.68			

根据气候分区标准(表4-2)对西藏自治区进行气候分区,可知西藏地区涉及了所有的气候区,包括特干旱、干旱、半干旱、干旱半湿润、湿润半湿润及湿润气候区,且统计的气象站点主要为半干旱气候区,其次为湿润半湿润及干旱半湿润气候区,而特干旱、干旱及湿润气候区较少。

UNEP 干旱指数由西到东逐渐增大,因此西部地区为特干旱气候区,中西部地区为干旱气候区,中部及中东部地区为半干旱气候区,东部地区为干旱半湿润气候区、湿润半湿润气候区及湿润气候区。即从西部地区到东部地区依次由特干旱气候区向湿润半湿润和湿润气候区过渡。

2. ET_0 时间变化特征

图 4-21 为西藏 1981~2012 年的年际 ET_0 变化,年均 ET_0 为 1 033.71 mm,年际 ET_0 集中分布在 974.48~1 105.96 mm 之间,年际波动较小。

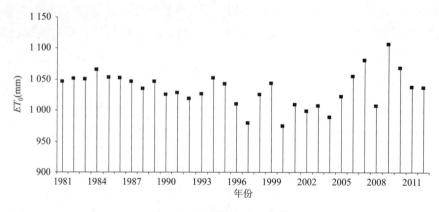

图 4-21　西藏年际 ET_0 变化

(1)特干旱气候区变化特征

图 4-22 所示为西藏西部的特干旱气候区 ET_0 变化,32 年平均 ET_0 为 1 113.30 mm,各年

ET_0在32年平均值上下波动,总体变化趋势显著,其最大值出现在2007年,为1 196.11 mm,最小值出现在1983年,为1 034.01 mm,两者相差162.1 mm。该气候区内年均ET_0倾向率等于0.183,其绝对值趋近于零,说明该地区的年均ET_0是以1.83 mm/10 a的速度缓慢增加,其增加趋势并不明显。从8年滑动平均来看,在32年期间内,特干旱气候区的年均ET_0在20世纪80年代初到90年代中一直处于缓慢下降阶段,其值从1 109.18 mm减小到了1 085.43 mm,减幅仅有2.1%。20世纪90年代中期至21世纪初,年均ET_0又呈现缓慢的上升趋势,其值由1 085.43 mm增大到1 135.73 mm,增幅为4.4%。

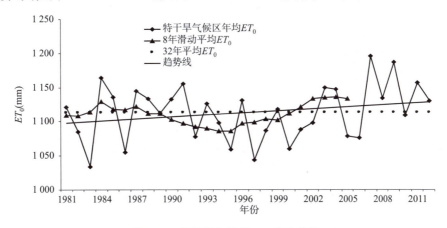

图 4-22 特干旱气候区 ET_0 变化趋势

(2)干旱气候区变化特征

图4-23所示为西藏中西部的干旱气候区ET_0变化,32年平均ET_0为1 139.35 mm,与特干旱气候区相差不大。从多年ET_0年际变化来看,逐年ET_0围绕32年平均值上下波动,年际变化较大,最大最小ET_0值出现在1983年和1984年,分别为1 188.84 mm和1 058.39 mm,相差130.45 mm。该气候区内的ET_0倾向率等于0.24,总体趋势是逐渐变大的,其增加速度为2.4 mm/10a。就8年滑动平均而言,从20世纪80年代初到80年代中,干旱气候区内的ET_0一直处于增加的阶段,80年代中到90年代末期,年际ET_0经历了不断减小的变化趋向,之后缓慢增加。

(3)半干旱气候区变化特征

图4-24所示为半干旱气候区的年际ET_0变化,32年平均ET_0为1 116.41 mm。各年ET_0在32年平均值上下波动,其倾向率为-0.638,说明年际变化非常微弱,该气候区内的年际ET_0以6.38 mm/10 a的速度缓慢减小。最大值出现在2009年,为1 186.85 mm,最小值出现在2000年,为1 049.41 mm,最大最小值相差137.44 mm。8年滑动平均值变化曲线显示,在20世纪80年代初到90年代中期,其变化都表现为逐年减小的趋势;从20世纪90年代中期到21世纪初期,表现为逐年增大的趋势,在21世纪初期以后,也在处于上升阶段,且处在年际平均值以上。

(4)干旱半湿润气候区变化特征

图4-25所示为干旱半湿润气候区ET_0变化,多年平均ET_0为883.09 mm,较之前的半干旱气候区减少了233.32 mm。在该气候区内,年平均ET_0呈现出逐年增加的趋势,其年

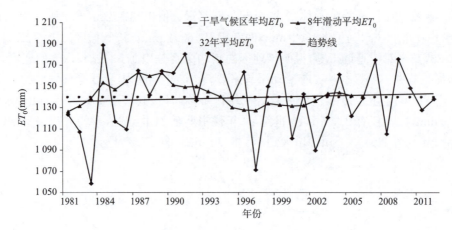

图 4-23　干旱气候区 ET_0 变化趋势

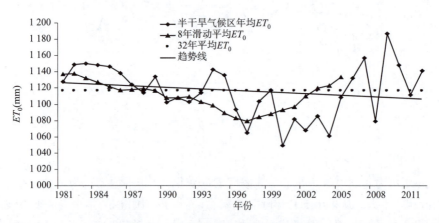

图 4-24　半干旱气候区 ET_0 变化趋势

际倾向率为 0.269，说明 ET_0 是以 2.69 mm/10 a 的速度逐年递增。从 1981 年到 1995 年，ET_0 在 883.09 mm 上下波动，最小值出现在 1997 年，为 803.08 mm。1997 年以后，年际 ET_0 沿着 32 年平均值上下波动，其总体趋势是不断增加的，最大值出现在 2009 年，为 955.07 mm。其中最大最小值相差 151.99 mm。从 8 年滑动平均可知，该气候区近 32 年时间内变化趋势与半干旱气候区相似，从 20 世纪 80 年代初到 90 年代中，年际 ET_0 逐渐减小，之后处于逐年上升的趋势。

(5) 湿润半湿润气候区变化特征

图 4-26 所示为湿润半湿润气候区 ET_0 变化，多年平均 ET_0 为 884.43 mm。从 1981～1997 年，年均 ET_0 一直在 32 年平均值上下波动，且逐渐减小，之后又开始在波动中缓慢增大，增减幅度较大，最大值出现在 2009 年，为 968.94 mm，之后逐渐减小且减小幅度较大，最小值出现在 2012 年，为 810.09 mm。就该气候区近 32 年的总体趋势来看，年 ET_0 变化呈下降趋势，减小速度为 1.37 mm/10 a。就 8 年滑动平均来看，在 32 年时间里，从 20 世纪 80 年代初到 90 年代中后期，该气候区内的 ET_0 表现为逐年递减的趋势，之后呈现回归状态。

4 全国牧区参考作物腾发量时空变异分析

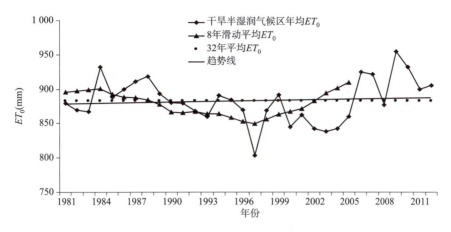

图 4-25 干旱半湿润气候区 ET_0 变化趋势

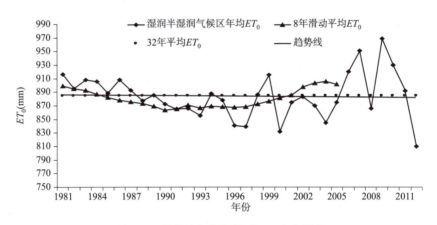

图 4-26 湿润半湿润气候区 ET_0 变化趋势

(6) 湿润气候区变化特征

图 4-27 所示为湿润气候区 ET_0 变化,多年平均 ET_0 为 804.22 mm。从 1981~2004 年,年均 ET_0 一直在多年平均值上下波动,幅度较大且逐渐减小,在 2004 年出现最小值,为 692.35 mm。之后又开始在波动中缓慢增大,增减幅度较大,最大值出现在 2009 年,为 900.41 mm,之后又逐渐减小且减小幅度较大。从该气候区近 32 年的总体趋势来看,年 ET_0 变化呈上升趋势,增加速度为 0.786 mm/10 a。就 8 年滑动平均来看,在 32 年时间里,从 20 世纪 80 年代初到 90 年代初末,该气候区内的逐年 ET_0 表现为递减的趋势,之后呈现回归状态。

由以上分析可知,近 32 年内,西藏六个气候区的 ET_0 变化趋势相对微弱,且都在各自的变化范围内上下波动。从特干旱气候区到湿润气候区,其 ET_0 波动区间分别为 1 034.01~1 196.11 mm、1 058.39~1 188.84 mm、1 049.41~1 186.85 mm、803.08~955.07 mm、810.09~968.94 mm 和 692.35~900.41 mm,波动幅度均在 250 mm 以内,且其 ET_0 值总体逐渐减小,即越湿润的气候区,年累计 ET_0 越小。从 ET_0 最大最小值出现的年份来看,表现出了很强的随机性。从 8 年滑动平均曲线发现,西藏半干旱气候区与湿润半

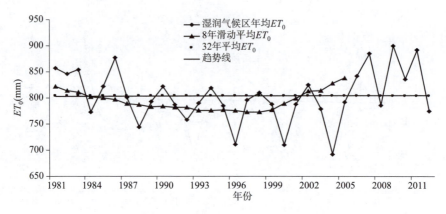

图 4-27 湿润气候区 ET_0 变化趋势

湿润气候区的 ET_0 变化趋势相似,其他四个气候区的 ET_0 变化趋势相似。其中,特干旱、干旱、干旱半湿润和湿润气候区表现出了微弱的上升趋势,其余两个气候区表现出了微弱的下降趋势。

(7)ET_0 季节变化

1981～2012 年的月均 ET_0 分布如图 4-28 所示,年内 ET_0 变化趋势呈单峰曲线形状,最大值出现在 6 月,达到了 127.39 mm,最小值在 12 月,为 42.29 mm,各月份的 ET_0 差异显著,致使季节性参考作物腾发量的分布很不均匀,一年中 ET_0 主要集中在 4～10 月份,占全年 ET_0 总量的 73%。特别是夏季(5～7 月)的 ET_0 总量较大,占全年 ET_0 总量的 36%,说明夏季是 ET_0 最大的季节,是作物生长发育最重要的时间段,而秋季和冬季的 ET_0 总量则相对较小。

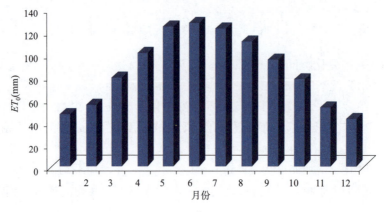

图 4-28 西藏月均 ET_0 分布

3. ET_0 空间变化特征

年际 ET_0 从特干旱气候区到湿润气候区逐渐减小,只有中南、东南、东部的一部分地区出现增大的情况,也是全区 ET_0 最大的地区,介于 1 200～1 300 mm 之间;该地区分别地处冈底斯山最东边、喜马拉雅山的东南方向偏上地区、念青唐古拉山和横断山脉之间,由于该区域地形地貌贫瘠、风大、温差大、日照时数长,所以全年 ET_0 偏大;西部一部分地区和中、东部一小部分地区的逐年 ET_0 次之,其取值区间为 1 100~1 200 mm;西藏中东部、东部、北部和南部一小部分地区,该地区的 ET_0 在 900~1 000 mm 之间;西藏中东大部地区,地处唐古拉山和念青唐古拉山等地,ET_0 为 800~900 mm。

4. ET_0 空间插值误差估计与交叉检验

采用空间插值误差估计及其交叉验证的方法,对西藏自治区 ET_0 克里格插值精度进行检验,结果见表 4-9。

结果表明,西藏自治区 ET_0 误差值均大于 0,反映了预测存在误差但对测定均值而言,误差值在可接受的范围内,所以在此基础上进行预测是合理的,即克里格插值结果可较准确地反映其在全区内的 ET_0 空间分布状况。只是各月及全年均方根误差均大于 1,表明西藏自治区 ET_0 空间变异性被低估了。

表 4-9 西藏自治区 ET_0 空间分布模型的交叉验证

月 份	测定均值(mm)	预测均值(mm)	误 差	均方根误差	标准化误差
5 月	124.194	127.207	3.013	15.892	0.157
6 月	127.393	128.782	1.389	18.802	0.064
7 月	122.403	122.666	0.264	17.628	0.015
8 月	111.148	111.509	0.362	13.566	0.026
9 月	94.869	95.357	0.487	11.748	0.033
全年	1 033.712	1 049.646	15.934	97.072	0.082

4.3.2 青 海

1. 气候分区

根据青海省各地气象站点(表 4-10)近 63 年(1951~2013 年)气象观测资料,利用联合国粮农组织推荐的 Penman-Monteith 公式,计算青海省各个气象站点 ET_0,并通过联合国防治荒漠化公约提出的全球干旱指数(UNEP)对其进行气候分区,在此基础上对各气候区 ET_0 进行时间变化趋势分析;同时在进行各月 ET_0 计算的基础上,进行等值线图绘制,确定其空间分布规律。

表 4-10 青海省 30 个气象站点地理位置坐标

气象站点	经度(°)	纬度(°)	气象站点	经度(°)	纬度(°)
班玛县	100.75	32.93	民和县	102.85	36.32
茶卡县	99.08	36.78	诺木洪县	96.42	36.43
达日县	99.65	33.75	祁连县	100.25	38.18
大柴旦县	95.37	37.85	清水河镇	97.13	33.80
德令哈市	97.37	37.37	囊谦县	96.48	32.20
都兰县	98.10	36.30	曲麻莱县	95.78	34.13

续上表

气象站点	经度(°)	纬度(°)	气象站点	经度(°)	纬度(°)
刚察县	100.13	37.33	同仁县	102.02	35.52
格尔木市	94.90	36.42	托勒	98.42	38.80
贵南县	100.75	35.58	沱沱河	92.43	34.22
河南县	101.60	34.73	西宁市	101.75	36.72
久治县	101.48	33.43	兴海县	99.98	35.58
冷湖镇	93.33	38.75	野牛沟	99.58	38.42
玛多县	98.22	34.92	玉树地区	97.02	33.02
茫崖市	90.85	38.25	杂多县	95.30	32.90
门源县	101.62	37.38	中心站	99.20	34.27

根据气候分区标准(表 4-2)对青海省进行气候分区,可知青海地区共包括特干旱、干旱、半干旱、干旱半湿润及湿润半湿润气候区。

特干旱气候区分布在青海省西北部地区,干旱气候区坐落在西北部紧挨特干旱气候区。半干旱气候区包括了青海省一半的地区,主要为中部、西南部和东北部地区,它就像一个自然屏障一样将西北部地带的特干旱和干旱气候区与东南部地带的湿润气候区隔离开来。位于青海省东南部山脉地带的干旱半湿润气候区,其作为一个过渡带将中部、西南部和东北部地区的半干旱气候区与东南部地区的湿润半湿润气候区连接起来。东南部地区为湿润半湿润气候区,对这些湿润半湿润气候区来讲,公认的理论是:受到巴颜喀拉山等山脉地区大面积森林覆盖率的影响,这些地区的温差和 ET_0 都很小,加上降水较多,由此便产生了湿润半湿润气候区。

2. ET_0 时间变化特征

图 4-29 为青海省 1951~2013 年的年际 ET_0 变化,ET_0 集中分布在 880~980 mm 之间,年际波动较小,均值为 933.40 mm,个别年份出现突升突降。

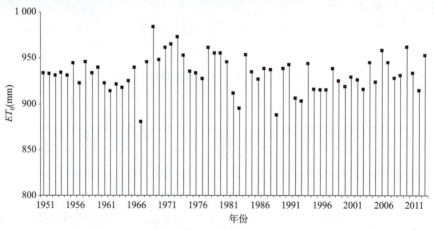

图 4-29　青海省年际 ET_0 变化

(1) 特干旱气候区变化特征

图 4-30 为特干旱气候区 ET_0 变化，63 年平均 ET_0 为 1 209.05 mm，各年 ET_0 在均值上下波动变化，总体变化趋势略微下降，其最大值出现在 1969 年，为 1 336.07 mm，最小值出现在 2003 年，为 1 104.36 mm，两者相差 231.71 mm。该气候区内年均 ET_0 倾向率等于 −1.416，说明该地区的年均 ET_0 是以 14.16 mm/10 a 的速度缓慢减小。从 6 年滑动平均来看，在 63 年期间内，特干旱气候区的年均 ET_0 在 20 世纪 50 年代初到 70 年代初一直处于缓慢上升阶段，其值从 1 209.05 mm 增加到了 1 336.07 mm，增幅仅为 10.5%。之后，年均 ET_0 又呈现缓慢下降的趋势，其值由 1 336.07 mm 减小到 1 116.46 mm，减幅仅为 16.4%。

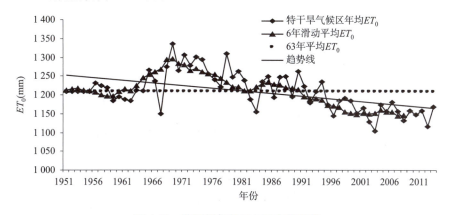

图 4-30　特干旱气候区 ET_0 变化趋势

(2) 干旱气候区变化特征

图 4-31 为干旱气候区 ET_0 变化，63 年平均 ET_0 为 1 030.34 mm，较特干旱气候区减少了近 180 mm。从多年 ET_0 年际总量看，逐年 ET_0 围绕其平均值上下波动，年际变化较小，最大最小 ET_0 出现在 1973 年和 1967 年，分别为 1 133.49 mm 和 929.20 mm，相差 204.28 mm。该气候区内的 ET_0 倾向率等于 −0.623，其绝对值接近零，进一步表明其年际变化很小，但总体趋势是逐渐变小的，其减小速度为 6.23 mm/10 a。就 6 年滑动平均而言，从 20 世纪 50 年代初到 70 年代初，干旱气候区内的 ET_0 呈现出降低趋势，70 年代初到 90 年代中期，年际 ET_0 经历了不断减小的变化趋向，之后趋于稳定。

(3) 半干旱气候区变化特征

图 4-32 所示为半干旱气候区的 ET_0 变化，63 年平均 ET_0 为 893.14 mm，较干旱气候区减小了 140 mm 左右。各年 ET_0 围绕其平均值上下波动，其倾向率接近零(0.151)，说明年际变化非常微弱，该气候区内的年际 ET_0 以 1.51 mm/10 a 的速度缓慢增加，几乎可以忽略不计。最大值出现在 2010 年，为 937.96 mm，最小值出现在 1967 年，为 828.10 mm，最大最小值相差 110 mm。6 年滑动平均值变化曲线显示，在 20 世纪 50 年代初与 70 年代初期间，其变化与干旱气候区一致，都表现为先减小再增大的趋势；之后一直到 21 世纪初，表现为整体减小的趋势；在 21 世纪初期以后，ET_0 年际累计量回归稳态，其值围绕平均值上下波动并略有上升。

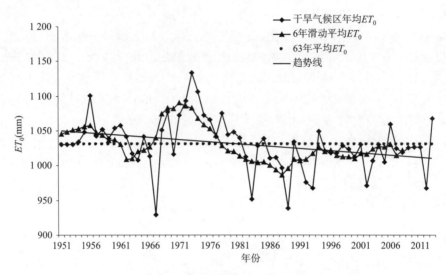

图 4-31 干旱气候区 ET_0 变化趋势

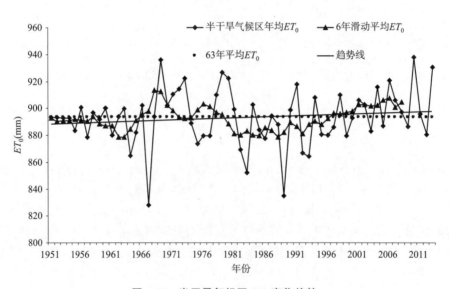

图 4-32 半干旱气候区 ET_0 变化趋势

(4) 干旱半湿润气候区变化特征

图 4-33 所示为干旱半湿润气候区的 ET_0 变化,63 年平均 ET_0 为 888.75 mm,较之前的半干旱气候区减少了 4.39 mm,减幅较之前的气候区最小,几乎与半干旱气候区相等。在该气候区内,年均 ET_0 呈现出逐年增加的趋势,其年际倾向率为 0.15,说明 ET_0 是以 1.5 mm/10 a 的速度逐年递增,增加幅度相当缓慢。从 1951~1988 年,逐年 ET_0 沿着平均值上下波动,最小值出现在 1962 年,为 849.23 mm。1988 年以后,年际 ET_0 在平均值以下上下波动,到 2002 年恢复到平均值水平之上,之后平稳上升,最大值出现在 2010 年,为 930.96 mm。其中最大最小值相差 80 mm 左右。从 6 年滑动平均可知,该气候区近 63 年时间内,从 20 世纪 50 年代初到 70 年代初,年际 ET_0 一直维持在 880 mm 左右,从 70 年代

初到 20 世纪末，ET_0 处于稳步减小的状态，最大滑动平均值为 911.71 mm。

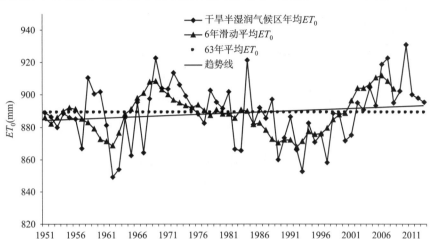

图 4-33　干旱半湿润气候区 ET_0 变化趋势

(5) 湿润半湿润气候区变化特征

图 4-34 所示为湿润半湿润气候区的 ET_0 变化，63 年平均 ET_0 较干旱半湿润气候区更小，其值为 749.06 mm。从 1951~1988 年，年均 ET_0 一直沿着 63 年平均值上下波动，最小值出现在 1962 年，为 677.58 mm；之后到 2001 年，年均 ET_0 处在 63 年平均值下方上下波动。最大值在 2010 年，为 824.73 mm。就该气候区近 63 年的总体趋势来看，年 ET_0 变化曲线呈上升趋势，波峰值也有逐年上升的趋势，年际变化相对其他气候区来说最为明显，年增长速度为 7.98 mm/10 a。就 6 年滑动平均来看，在 63 年时间里，从 20 世纪 50 年代初到世纪末，该气候区内的逐年 ET_0 表现为上下波动的趋势，之后呈现回归稳态并开始增加。

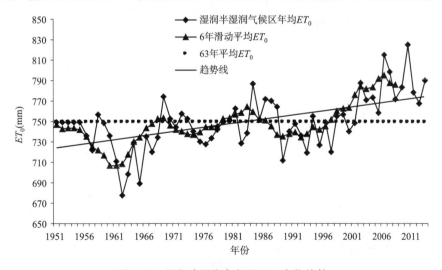

图 4-34　湿润半湿润气候区 ET_0 变化趋势

由以上分析可知，近 63 年内，青海省五个气候区的多年 ET_0 变化趋势很微弱，且都在各自的多年平均值范围上下波动。从特干旱气候区到湿润半湿润气候区,其 ET_0 波动区间分别为 1 104～1 336 mm、929～1 133 mm、828～937 mm、849～930 mm 和 678～825 mm,ET_0 逐渐减小,即越湿润的气候区,年累计 ET_0 越小。从 ET_0 最大最小值的出现年份来看,表现出了很强的随机性。从 6 年滑动平均曲线发现,青海省五个气候区的 ET_0 变化趋势极为相似,没有出现突变较大的年份。特干旱和干旱气候区 ET_0 表现出了微弱的下降趋势,其余三个气候区的变化趋势均相对稳定,尤以半干旱和干旱半湿润气候区最为明显,二者几乎完全一致。

3. ET_0 季节变化

青海省位于我国内陆腹地,受高原大陆性气候的影响,与降水量一致,ET_0 的时间分配不均衡。就全年而言,因为各月份的 ET_0 差异显著,最大最小月份相差 107 mm,致使季节性 ET_0 的分布很不均匀。从青海省 1951～2013 年的月均 ET_0 分布图(图 4-35)来看,一年中的 ET_0 主要集中在 4～10 月,即作物的生育期阶段,7 个月的 ET_0 占全年 ET_0 总量的 80% 以上。特别是夏季(5～7 月)的 ET_0 总量最多,占到了全年 ET_0 总量的 41%。说明夏季是 ET_0 最大的季节,需要大量的人为灌溉,是作物生长发育最重要的时间段,而秋季和冬季的 ET_0 总量则相对较小。

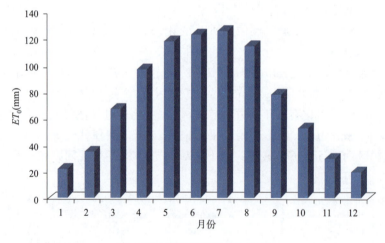

图 4-35 青海省月均 ET_0 分布

4. ET_0 空间变化特征

年际 ET_0 从青海省西北部到东南部逐渐减小,即从特干旱气候区到湿润半湿润气候区。其中西北部特干旱气候区的 ET_0 值最大,介于 1 100～1 300 mm 之间,该气候区地处柴达木盆地,地形地貌贫瘠,是一个被昆仑山、阿尔金山、祁连山等山脉环抱的封闭盆地,盆地年均温度在 5 ℃ 以下,气温变化剧烈,绝对年温差可达 60 ℃ 以上,日温差也常在 30 ℃ 左右,夏季夜间可降至 0 ℃ 以下。风力强盛,年 8 级以上大风日数可达 25～75 d,西部甚至可出现 40 m/s 的强风,风力蚀积强烈,因而全年 ET_0 偏大;紧挨特干旱气候区的干旱气候区的逐年 ET_0 次之,其取值区间为 1 000 mm 左右,该气候区同样地处柴达木盆地,受到周围山脉和高原大陆性气候的影响,春季多大风天气,在沙区常伴有沙尘暴灾害,属于高原大陆性地区;青海省中部、东部和东北部地区是半干旱气候区,它囊括了青藏高原大部和祁连山等山脉的全部,以及昆仑山、巴颜喀拉山的一部分,在该气候区内,中部地区的年际 ET_0 要普遍大于东北部地区,造成该现象的主要原因是中部地区的年际平均风速偏高(特别是春、夏两季),致使该地区的年际平均相对湿度变小,加上中部地区受到青藏高原的影响,从而导致了其 ET_0 值的增加,其总体变化趋势为从中部到东北部地区多年 ET_0 逐渐减小,取值在 700~1 100 mm 之间,波动幅度与之前两个气候区很接近;青海省东南部丘陵山脉地带是干旱半湿润气候区,该气候区地处青藏高原东南面和湖泊聚集地,该地区年际 ET_0 较半干旱气候区差别不大,取值区间为 700~1 000 mm,但降水量明显增大;青海省东南部的青南高原是湿润半湿润气候区,该地区内,等温线走向与山地走向一致,降水充足,受到大面积河流覆盖率的影响,该地区的多年平均降水量达到 600 mm,从而导致其多年年均 ET_0 值最小,介于 700~800 mm 之间。

5. ET_0 空间插值误差估计与交叉检验

采用空间插值误差估计及其交叉验证的方法,对青海省 ET_0 克里格插值精度进行检验,结果见表 4-11。结果表明,青海省 ET_0 误差值均小于 0,反映了预测存在误差但对测定均值而言,误差值在可接受范围内,所以在此基础上进行预测是合理的,即克里格插值结果可较准确地反映其在全区内的 ET_0 空间分布状况。只是各月及全年均方根误差均大于 1,说明青海省 ET_0 空间变异性被低估了。

表 4-11 青海省 ET_0 空间分布模型的交叉验证

月　份	测定均值(mm)	预测均值(mm)	误　差	均方根误差	标准化误差
4 月	97.340	96.675	-0.665	13.668	-0.027
5 月	118.429	117.083	-1.346	17.938	-0.039
6 月	122.115	120.211	-1.904	21.744	-0.056
7 月	126.775	124.926	-1.849	25.171	-0.065
8 月	116.040	114.547	-1.494	24.818	-0.054
9 月	85.134	84.295	-0.839	17.182	-0.030
10 月	60.285	60.107	-0.178	10.274	-0.013
全年	930.729	921.787	-8.942	135.759	-0.044

4.3.3 四　川

1. 气候分区

根据四川省各地气象站点(表 4-12)近 32 年(1981~2012 年)气象观测资料,利用联合国粮农组织推荐的 Penman-Monteith 公式,计算四川省各个气象站点 ET_0,并通过联合国防治荒漠化公约提出的全球干旱指数(UNEP)对其进行气候分区,在此基础上对各气候区 ET_0 进行时间变化趋势分析;同时在进行各月 ET_0 计算的基础上,进行等值线图绘制,确定其空间分布规律。

表 4-12　四川省 52 个气象站点地理位置坐标

气象站点	经度(°)	纬度(°)	气象站点	经度(°)	纬度(°)
石渠县	98.10	32.98	峨眉山	103.33	29.52
若尔盖县	102.97	33.58	乐山市	103.75	29.57
洛须镇	98.00	32.47	得荣县	99.28	28.72
德格县	98.58	31.80	木里县	101.27	27.93
甘孜州	100.00	31.62	九龙县	101.50	29.00
色达县	100.33	32.28	越西县	102.52	28.65
道孚县	101.12	30.98	昭觉县	102.85	28.00
阿坝州	101.70	32.90	雷波县	103.58	28.27
马尔康市	102.23	31.90	宜宾市	104.60	28.80
红原县	102.55	32.80	盐源县	101.52	27.43
小金县	102.35	31.00	西昌市	102.27	27.90
松潘县	103.57	32.65	攀枝花市	101.72	26.58
温江区	103.83	30.70	会理县	102.25	26.65
都江堰市	103.67	31.00	仁和区	101.73	26.50
平武县	104.52	32.42	广元市	105.85	32.43
绵阳市	104.73	31.45	万源市	108.03	32.07
巴塘县	99.10	30.00	阆中市	105.97	31.58
新龙县	100.32	30.93	巴中市	106.77	31.87
理塘县	100.27	30.00	达州市	107.50	31.20
乾宁县	101.48	30.48	遂宁市	105.55	30.50
雅安市	103.00	29.98	内江市	105.05	29.58
成都市	104.02	30.67	泸州市	105.43	28.88
资阳市	104.65	30.12	纳溪区	105.38	28.78
稻城县	100.30	29.05	叙永县	105.43	28.17
康定县	101.97	30.05	东兴区	104.50	32.58
汉源县	102.68	29.35	高坪区	106.10	30.58

　　根据气候分区标准(表 4-2)对四川省进行气候分区,可知四川省包括半干旱、干旱半湿润、湿润半湿润及湿润气候区,且统计的气象站点主要为湿润半湿润气候区。

　　半干旱气候区和干旱半湿润气候区分布较少,且集中于四川省西部、西南部;大部分地区则是湿润半湿润气候区和湿润气候区,中南部、峨眉山附近最为湿润。这与地形因素密不可分,青藏高原、横断山脉如一道天然屏障阻挡了来自东南亚、印度洋的洋流,导致川西降水较少,较为干旱。而四川盆地、峨眉山地区则降水丰富,且河流水量大,植被覆盖较好,影响了温差与 ET_0,形成较为湿润的湿润半湿润气候区和湿润气候区。也正因此,四川盆地,尤其是东部盆地成为重要的农产地区。

2. ET_0 时间变化特征

图 4-36 为四川省 1981~2012 年的年际 ET_0 变化，ET_0 集中分布在 890~990 mm 之间，年际波动较小，均值为 932.14 mm。

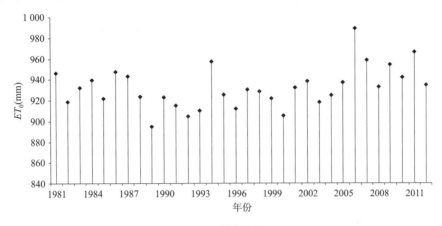

图 4-36　四川省年际 ET_0

(1) 半干旱气候区变化特征

图 4-37 所示为半干旱气候区 ET_0 变化，32 年平均 ET_0 为 1 250.78 mm，各年 ET_0 在 32 年平均 ET_0 上下波动变化，总体变化呈略微减小趋势。其最大值出现在 1983 年，为 1 324.90 mm，最小值出现在 1990 年，为 1 185.02 mm，两者相差 139.88 mm。该气候区内年均 ET_0 倾向率等于 −0.277，其绝对值趋近于零，说明该地区的年均 ET_0 是以 2.77 mm/10 a 的速度缓慢减小。

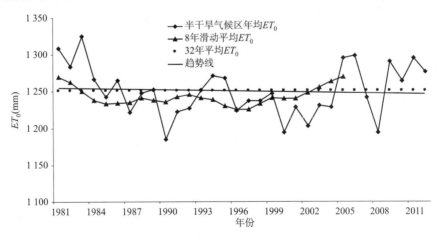

图 4-37　半干旱气候区 ET_0 变化趋势

从 8 年滑动平均来看，在 32 年内，半干旱气候区的年均 ET_0 在 20 世纪 80 年代初到 21 世纪初一直处于缓慢下降阶段，其值从 1 269.99 mm 减小到了 1 240.07 mm，减幅为 2.4%。21 世纪初以后，年均 ET_0 又呈现缓慢的上升趋势，其值由 1 240.07 mm 增大到 1 269.83 mm，增幅仅为 2.4%。

(2) 干旱半湿润气候区变化特征

图 4-38 所示为干旱半湿润气候区 ET_0 变化，32 年平均 ET_0 为 1 069.12 mm，较半干旱气候区减少了近 200 mm。从多年 ET_0 年际变化来看，逐年 ET_0 围绕其多年平均值上下波动，年际变化不大，最大最小 ET_0 值出现在 2006 年和 1990 年，分别为 1 128.07 mm 和 1 021.28 mm，相差 106.79 mm。该气候区内的 ET_0 倾向率等于 0.523，表明总体趋势是逐渐增大的，其增长速度为 5.23 mm/10 a，增长趋势微弱。就 8 年滑动平均而言，从 20 世纪 80 年代初到 90 年代初，干旱半湿润气候区内的 ET_0 一直围绕多年平均值小范围上下波动；20 世纪 90 年代初到 21 世纪初期，年际 ET_0 呈不断增加的变化趋向。

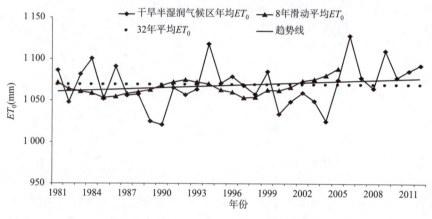

图 4-38　干旱半湿润气候区 ET_0 变化趋势

(3) 湿润半湿润气候区变化特征

图 4-39 所示为湿润半湿润气候区 ET_0 变化，32 年平均 ET_0 为 890.58 mm，较之前的干旱半湿润气候区减少近 179 mm。在该气候区内，多年平均 ET_0 呈现出逐年增加的趋势，其年际倾向率为 0.894，说明 ET_0 是以 8.94 mm/10 a 的速度逐年递增。最小值出现在 1989 年，为 849.77 mm，最大值出现在 2006 年，为 947.77 mm，二者相差 98 mm。从 8 年滑动平均可知，该气候区 32 年时间内，从 20 世纪 80 年代初一直到 21 世纪初，年际 ET_0 变化不大，从 21 世纪初以后，ET_0 处于稳步增大的状态。

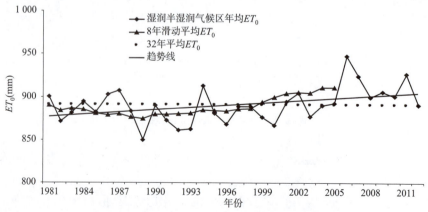

图 4-39　湿润半湿润气候区 ET_0 变化趋势

(4)湿润气候区变化特征

图 4-40 所示为湿润半湿润气候区 ET_0 变化,32 年平均 ET_0 为 802.82 mm,较之前的湿润半湿润气候区减少了近 88 mm,减幅较小。在该气候区内,多年平均 ET_0 呈现出逐年增加的趋势,其年际倾向率为 0.183,说明 ET_0 是以 1.83 mm/10 a 的速度逐年微弱递增。最小值出现在 1996 年,为 762.72 mm,最大值出现在 2006 年,为 863.23 mm,二者相差 100 mm 左右。从 8 年滑动平均可知,该气候区 32 年时间内,从 20 世纪 80 年代初到 90 年代初,年际 ET_0 一直小幅度波动;从 90 年代初到 20 世纪末,ET_0 没有明显增大趋势。

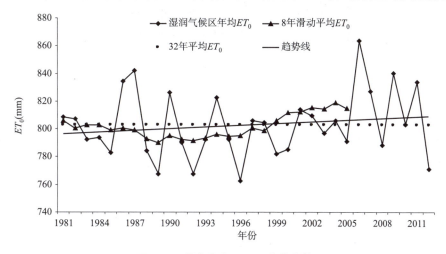

图 4-40 湿润气候区 ET_0 变化趋势

由以上分析可知,近 32 年内,四川省四个气候区的多年 ET_0 变化趋势很微弱,且都在各自的变化范围内上下波动。从半干旱气候区到湿润气候区,ET_0 波动区间分别为 1 185~1 323 mm、1 021~1 129 mm、849~948 mm 和 762~864 mm,波动幅度均在 140 mm 以内,且 ET_0 数值逐渐减小,即越湿润的气候区,年累计 ET_0 越小。从 ET_0 最大最小值的出现年份来看,表现出了很强的随机性。从 8 年滑动平均曲线发现,四川省四个气候区的 ET_0 变化趋势极为相似,没有出现突变较大的年份。其中,半干旱和干旱半湿润气候区表现出了微弱的上升趋势,其余两个气候区的变化趋势均相对稳定。

(5)ET_0 的季节变化

四川省位于亚热带范围内,由于复杂的地形和不同季风环流的交替影响,气候复杂多样,ET_0 时间分配不均衡。就全年而言,因为各月份的 ET_0 差异显著,最大最小月份相差 80 mm 左右,致使季节性 ET_0 分布很不均匀。从四川省 1981~2012 年的月均 ET_0 分布图(图 4-41)可知,一年中 ET_0 时段主要集中在 4~9 月份,即作物的生育期阶段,该阶段 ET_0 占全年 ET_0 总量近 70%。特别是夏季(5~7 月),ET_0 总量最大,占全年 ET_0 总量的 36% 以上。说明夏季是 ET_0 最大的季节,需要大量的人为灌溉,是作物生长发育最重要的时间段,而秋季和冬季的 ET_0 总量则相对较小。

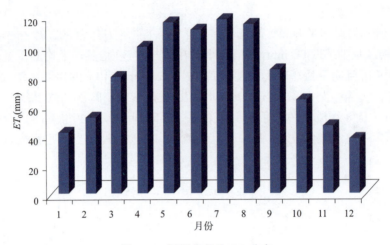

图 4-41　四川省月均 ET_0 分布

3. ET_0 的空间变化特征

年均 ET_0 从西南部到东北部逐渐减小,从一个侧面可以反映出干旱程度可能减小。西部、西南部属于高原地形,日照充足且强度大,ET_0 均大于 1 000 mm;中西部与东部丘陵地区,ET_0 较小,为 900~1 000 mm;中部以及北部地区受植被覆盖的影响,ET_0 值最小,大多介于 800~900 mm 之间,一小部分地区为 700~800 mm。

4. ET_0 空间插值误差估计与交叉检验

采用空间插值误差估计及其交叉验证的方法,对四川省 ET_0 克里格插值精度进行检验,结果见表 4-13。结果表明,四川省 ET_0 误差值接近 0,表明此区域内预测值和实际值相当接近,即克里格插值结果可准确地反映四川省 ET_0 空间分布状况。只是各月及全年均方根误差均大于 1,表明四川省 ET_0 空间变异性被低估了。

表 4-13　四川省 ET_0 空间分布模型的交叉验证

月　份	测定均值(mm)	预测均值(mm)	误　差	均方根误差	标准化误差
4 月	97.863	98.392	0.529	13.635	−0.013
5 月	114.126	114.279	0.154	15.166	0.019
6 月	109.535	108.651	−0.884	13.575	−0.023
7 月	116.421	115.905	−0.516	11.823	−0.042
8 月	112.907	112.526	−0.381	11.691	−0.041
9 月	82.533	82.061	−0.471	9.241	−0.031
10 月	62.023	61.711	−0.312	8.618	−0.017
全年	944.326	944.171	−0.155	117.689	0.003

4.4　全国牧区 ET_0 时空变异性分析

在各气象观测站点 ET_0 多年平均值计算的基础上,采用 ArcGIS 空间插值技术,绘制全

国牧区 ET_0 全生育期（4～9 月）等值线图。全国牧区 ET_0 整体上呈现低—高—低变化趋势：4～8 月份 ET_0 呈现增长趋势，ET_0 增幅 60 mm 左右；9 月份 ET_0 降低，最大降幅达 80 mm。青海、四川、西藏、宁夏及黑龙江 ET_0 相对较小，而新疆 ET_0 较大，8 月份最大达到 210 mm；内蒙古自治区 4 月份 ET_0 在整个研究区域相对较小，为 70 mm，9 月份相对较大达到 130 mm，ET_0 变化较大。

5 全国牧区主要人工牧草作物系数

全国牧区主要人工牧草作物系数研究,根据前述的 ET_0 和需水量 ET_c 计算,作物系数 K_c 值计算公式为

$$K_c = \frac{ET_c}{ET_0} \tag{5-1}$$

式中　K_c——作物系数;
　　　ET_0——参考作物腾发量;
　　　ET_c——人工牧草需水量。

5.1 内蒙古及周边牧区

5.1.1 内蒙古

1. 鄂温克旗喷灌条件下青贮玉米作物系数

根据第3章的分析介绍,鄂温克旗需水量计算参照海拉尔区气象站,得到生育期 ET_0 为417 mm(表5-1),由此计算喷灌条件下青贮玉米全生育期 K_c 值为1.11。

表5-1　鄂温克旗 ET_0 计算结果

月　　份	6月	7月	8月	9月	全生育期
ET_0(mm)	138	132	111	36	417

2. 科尔沁左翼中旗喷灌条件下饲料玉米、青贮玉米作物系数

根据多年平均气象资料计算得出作物生育期内 ET_0 平均值,结合充分灌溉条件下多年实测需水量数据得出饲料玉米和青贮玉米作物系数 K_c 值,见表5-2。

表5-2　喷灌条件下饲料玉米和青贮玉米作物系数 K_c

作物种类	饲料玉米	青贮玉米
ET_0(mm)	573.8	485.8
ET_c(mm)	433.4	422.3
K_c	0.76	0.87

3. 锡林浩特市和正蓝旗不同灌溉条件青贮玉米和披碱草作物系数

锡林浩特市:根据多年平均气象资料计算得出 ET_0,结合滴灌和喷灌条件下需水量得出青贮玉米作物系数 K_c 值,见表5-3。

表 5-3　不同灌溉条件下青贮玉米作物系数 K_c

灌溉条件	滴　灌	喷　灌
ET_0(mm)	448.4	
ET_c(mm)	388.5	427.3
K_c	0.88	0.97

采用 FAO 推荐的分段单值平均法求作物系数,得出畦灌条件下披碱草生长初期作物系数为 0.42,快速生长期为 0.98,生长中期为 1.54,成熟期为 0.62,整个生育期为 0.89。

正蓝旗:根据内蒙古农业大学水利与土木建筑工程学院完成"水利部公益性行业科研专项经费项目(200801034)"项目成果,喷灌条件下青贮玉米作物系数为 0.92。

4. 四子王旗畦灌条件下灌溉人工牧草作物系数

根据水利部牧区水利科学研究所研究成果,得出畦灌条件下灌溉人工牧草 K_c 值,见表 5-4。

表 5-4　畦灌条件下灌溉人工牧草 K_c 值

灌溉人工牧草	ET_0(mm)	ET_c(mm)	K_c
紫花苜蓿	563.9	400.4	0.71
披碱草	629.8	535.3	0.85
青贮玉米	503.5	417.9	0.83

5. 达茂旗畦灌条件下灌溉人工牧草作物系数

根据水利部牧区水利科学研究所研究成果,得出畦灌条件下灌溉人工牧草 K_c 值,见表 5-5。

表 5-5　畦灌条件下灌溉人工牧草 K_c 值

灌溉人工牧草	ET_0(mm)	ET_c(mm)	K_c
紫花苜蓿	590.2	419.0	0.71
披碱草	660.7	561.6	0.85
青贮玉米	522.1	433.3	0.83

6. 达拉特旗滴灌条件下饲料玉米作物系数

滴灌条件下饲料玉米作物系数见表 5-6。

表 5-6　滴灌条件下饲料玉米作物系数 K_c 值

生育阶段	初始生长期	快速发育期	生育中期	成熟期	全生育期
开始日期	5月8日	6月5日	7月8日	8月17日	5月8日~8月17日
K_c	0.15	0.30	1.51	0.30	0.57

7. 鄂托克旗畦灌条件下饲料玉米作物系数

根据多年平均气象资料计算得出 ET_0 为 726.3 mm,畦灌条件下饲料玉米需水量为 643.6 mm,作物系数 K_c 值为 0.89。

8. 鄂托克前旗不同灌溉条件下灌溉人工牧草作物系数

(1) 喷灌条件下紫花苜蓿 K_c 值

根据 2012~2015 年试验成果，鄂托克前旗喷灌条件下紫花苜蓿全生育期的需水量约为 536.2 mm。

根据水利部科技推广计划项目"鄂托克前旗示范区大型喷灌综合节水技术集成与示范推广"课题和内蒙古新增"四个千万亩"节水灌溉工程科技支撑项目"荒漠化牧区灌溉人工草地综合节水技术集成研究与示范"课题研究成果：鄂托克前旗紫花苜蓿生育期（4 月中旬~9 月下旬）ET_0 为 757.2 mm。

采用式(5-1)计算得出鄂托克前旗喷灌条件下紫花苜蓿的作物系数为 0.71，见表 5-7。

表 5-7 喷灌条件下紫花苜蓿作物系数 K_c 值

灌溉人工牧草	ET_c(mm)	ET_0(mm)	作物系数 K_c
紫花苜蓿	536.2	757.2	0.71

(2) 喷灌条件下饲料玉米 K_c 值

根据 2012~2015 年试验成果，鄂托克前旗喷灌条件下饲料玉米全生育期的需水量约为 499.3 mm。

根据水利部科技推广计划项目"鄂托克前旗示范区大型喷灌综合节水技术集成与示范推广"课题和内蒙古新增"四个千万亩"节水灌溉工程科技支撑项目"荒漠化牧区灌溉人工草地综合节水技术集成研究与示范"课题研究成果：鄂托克前旗饲料玉米生育期（5 月上旬~9 月下旬）ET_0 为 715.7 mm。

采用式(5-1)计算得出鄂托克前旗喷灌条件下饲料玉米的作物系数为 0.70，见表 5-8。

表 5-8 喷灌条件下饲料玉米作物系数 K_c 值

灌溉人工牧草	ET_c(mm)	ET_0(mm)	作物系数 K_c
饲料玉米	499.3	715.7	0.70

(3) 地埋滴灌紫花苜蓿 K_c 值

根据 2015 年试验成果，鄂托克前旗地埋滴灌条件下紫花苜蓿全生育期的需水量约为 460.0 mm。

根据水利部科技推广计划项目"鄂托克前旗示范区大型喷灌综合节水技术集成与示范推广"课题和内蒙古新增"四个千万亩"节水灌溉工程科技支撑项目"荒漠化牧区灌溉人工草地综合节水技术集成研究与示范"课题研究成果：鄂托克前旗紫花苜蓿生育期（4 月中旬~9 月下旬）ET_0 为 757.2 mm。

采用式(5-1)计算得出鄂托克前旗地埋滴灌条件下紫花苜蓿的作物系数为 0.61，见表 5-9。

表 5-9 鄂托克前旗地埋滴灌紫花苜蓿作物系数 K_c 值

灌溉人工牧草	ET_c(mm)	ET_0(mm)	K_c
紫花苜蓿	460.0	757.2	0.61

9. 乌审旗不同灌溉条件下灌溉人工牧草作物系数

(1)喷灌、畦灌条件下紫花苜蓿作物系数

根据多年平均气象资料计算 ET_0 以及喷灌、畦灌条件下需水量得出紫花苜蓿作物系数 K_c 值,见表 5-10。

表 5-10 不同灌溉条件下紫花苜蓿作物系数 K_c 值

灌溉条件	畦 灌	喷 灌
ET_0(mm)	671.6	479.0
ET_c(mm)	587.48	321.0
K_c	0.87	0.67

(2)滴灌条件下青贮玉米作物系数

根据多年平均气象资料计算 ET_0 以及滴灌条件下需水量得出青贮玉米作物系数 K_c 值,见表 5-11。

表 5-11 滴灌条件下青贮玉米作物系数 K_c 值

灌溉条件	滴 灌
ET_0(mm)	609.2
ET_c(mm)	586.0
K_c	0.96

10. 磴口县不同灌溉条件下灌溉人工牧草作物系数

(1)地埋滴灌紫花苜蓿作物系数

根据多年平均气象资料计算 ET_0 以及地埋滴灌条件下需水量得出紫花苜蓿作物系数 K_c 值,见表 5-12。

表 5-12 地埋滴灌紫花苜蓿作物系数 K_c 值

灌溉条件	地埋滴灌
ET_0(mm)	728.1
ET_c(mm)	467.3
K_c	0.64

(2)畦灌和滴灌饲料玉米作物系数

根据水利部牧区水利科学研究所承担国家"十一五"科技支撑项目"内蒙古河套半干旱区粮食作物综合节水技术研究与示范"及"十二五"科技支撑项目"内蒙古河套灌区粮油作物节水技术集成与示范"项目成果,饲料玉米作物系数见表 5-13。

表 5-13 不同灌溉条件下饲料玉米作物系数 K_c 值

生育期	畦 灌	滴 灌
生长初期	0.74	0.25

续上表

生育期	畦灌	滴灌
快速生长期	0.98	0.72
生长中期	1.12	1.18
生长后期	0.54	0.55
平均值	0.85	0.66

11. 阿拉善左旗不同灌溉条件下灌溉人工牧草作物系数

(1) 畦灌条件下紫花苜蓿作物系数

根据2003年郭克贞主编的论著《草原节水灌溉理论与实践》中的成果确定畦灌条件下紫花苜蓿作物系数，为0.91。

(2) 畦灌、滴灌条件下饲料玉米作物系数

根据2006年刘贯群等人发表的论文《李井灌区主要作物节水灌溉模式的研究》，确定畦灌、滴灌条件下饲料玉米作物系数见表5-14。

表5-14 畦灌、滴灌饲料玉米作物系数 K_c 值

灌溉条件	畦灌	滴灌
ET_0(mm)	717.3	
ET_c(mm)	641.5	497.1
K_c	0.89	0.69

12. 赤峰膜下滴灌条件下饲料玉米作物系数

根据王勇等人在赤峰开展的项目研究成果，饲料玉米膜下滴灌条件下需水量440.58，对应生育期内 ET_0 为658.3 mm，由此得到赤峰地区膜下滴灌条件下饲料玉米 K_c 值为0.67。

5.1.2 宁夏同心县

根据2009～2011年宁夏同心县下马关镇试验区成果，喷灌条件下同心县饲料玉米全生育期的需水量为482.0 mm。

根据2009～2011年宁夏同心县气象数据，采用Penman-Monteith方法计算得出饲料玉米生育期(5月上旬～9月下旬) ET_0 平均为767.7 mm，见表5-15。

表5-15 同心县喷灌条件下饲料玉米 ET_0

年　份	2009年	2010年	2011年	平　均
ET_0(mm)	758.6	773.0	771.5	767.7

采用式(5-1)计算得出同心县喷灌条件下饲料玉米的作物系数为0.63，见表5-16。

表5-16 喷灌饲料玉米作物系数 K_c 值

灌溉人工牧草	ET_c(mm)	ET_0(mm)	K_c
饲料玉米	482.0	767.7	0.63

5.1.3 甘　　肃

1. 天祝县喷灌条件下披碱草和燕麦作物系数 K_c

根据科技部农业科技成果转化资金项目研究成果得出天祝县披碱草和燕麦 ET_0 分别为 609.1 mm 和 444.7 mm，喷灌条件下披碱草和燕麦需水量分别为 380.7 mm 和 359.9 mm，作物系数 K_c 值见表 5-17。

表 5-17　喷灌条件下披碱草和燕麦作物系数 K_c 值

灌溉人工牧草	披碱草	燕　麦
ET_0(mm)	609.1	444.7
ET_c(mm)	380.7	359.9
K_c	0.63	0.81

2. 民勤县畦灌条件下紫花苜蓿作物系数 K_c

根据杨磊研究成果得出 ET_0 为 892.1 mm，畦灌条件下紫花苜蓿需水量为 686.9 mm，作物系数 K_c 值见表 5-18。

表 5-18　畦灌条件下紫花苜蓿作物系数 K_c 值

灌溉人工牧草	ET_0(mm)	ET_c(mm)	K_c
紫花苜蓿	892.1	686.9	0.77

3. 张掖地区畦灌条件下紫花苜蓿作物系数 K_c

根据党志强研究成果得出畦灌条件下紫花苜蓿需水量为 647.3 mm，根据赵莉研究成果得出 ET_0 为 785.2 mm，作物系数 K_c 值见表 5-19。

表 5-19　畦灌条件下紫花苜蓿作物系数 K_c 值

灌溉人工牧草	ET_0(mm)	ET_c(mm)	K_c
紫花苜蓿	785.2	647.3	0.82

5.1.4 河　　北

1. 沽源县畦灌条件下紫花苜蓿作物系数 K_c

根据中国农业大学完成的项目成果，畦灌条件下紫花苜蓿需水量为 561.0 mm，通过计算得出 ET_0 为 467.3 mm，作物系数 K_c 值见表 5-20。

表 5-20　畦灌条件下紫花苜蓿作物系数 K_c 值

灌溉人工牧草	ET_0(mm)	ET_c(mm)	K_c
紫花苜蓿	467.3	561.0	1.20

2. 张北县畦灌条件下莜麦作物系数 K_c

根据张家口师专完成的相关成果，畦灌条件下莜麦需水量为 348.5 mm，通过计算得出

ET_0 为 402.8 mm,作物系数 K_c 值见表 5-21。

表 5-21　畦灌条件下莜麦作物系数 K_c 值

人工灌溉牧草	ET_0(mm)	ET_c(mm)	K_c
莜麦	402.8	348.5	0.87

5.1.5 黑龙江

根据克山县玉米种植时间,饲料玉米生育期为 5～9 月,由表 5-22 可知饲料玉米生产期 ET_0 为 671.0 mm,需水量为 542.7 mm,由此得到饲料玉米 K_c 值为 0.81。

表 5-22　饲料玉米生育期 ET_0 计算结果

月　份	5月	6月	7月	8月	9月	全生育期
ET_0(mm)	167.0	167.0	131.0	113.0	93.0	671.0

5.1.6 吉　林

根据白城市、松原市(吉林西北部)以及四平市(吉林西南部)等地玉米种植时间,确定玉米生育期为 4 月下旬～9 月中旬,吉林西南部地区生育期 ET_0 为 574.5 mm,吉林西北部地区生育期 ET_0 为 636.2 mm,由此得到吉林西南部地区玉米 K_c 值为 0.87,吉林西北部地区玉米 K_c 值为 0.86,具体见表 5-23。

表 5-23　畦灌条件下青贮玉米作物系数 K_c 值

地　区	吉林西南部地区	吉林西北部地区
ET_0(mm)	574.5	636.2
ET_c(mm)	503.7	550.0
K_c	0.87	0.86

5.1.7 辽　宁

根据纪瑞鹏等人《辽宁地区玉米作物系数的确定》确定了辽宁阜新县、建平县和彰武县畦灌条件下饲料玉米 K_c 值均为 0.75。

5.2　新疆牧区

1. 尼勒克县畦灌条件下饲料玉米作物系数

参考《新疆农业用水定额技术研究应用》,采用典型灌区(北疆天山北坡中部灌区)的灌溉试验数据资料,依据当地灌区相关气象资料计算尼勒克县 ET_0 和饲料玉米不同生长期(初始期 K_{cini}、中期 K_{cmid}、后期 K_{cend})的作物系数,再结合灌溉试验数据加以检验和修正,结果见表 5-24。

表 5-24　饲料玉米作物系数 K_c 值

生育阶段	播种—出苗	出苗—拔节	拔节—抽穗	抽穗—成熟	全生育期
时间（月/日）	4/20～5/20	5/21～6/25	6/26～7/25	7/26～9/20	4/20～9/15
实际日需水量(mm/d)	1.80	3.60	4.10	2.51	2.81
ET_0(mm/d)	2.42	2.98	3.48	3.13	3.01
K_c	0.75	1.21	1.18	0.80	0.93

2. 石河子市不同灌溉条件下紫花苜蓿作物系数

根据多年平均气象资料计算 ET_0 以及地埋滴灌、畦灌条件下需水量得出紫花苜蓿作物系数 K_c 值，见表 5-25。

表 5-25　不同灌溉条件下紫花苜蓿作物系数 K_c 值

灌溉条件	畦　灌	地埋滴灌
ET_0(mm)	710.4	
ET_c(mm)	729.6	664.1
K_c	1.03	0.93

3. 福海县不同灌溉条件下紫花苜蓿作物系数

根据多年平均气象资料计算 ET_0 以及地埋滴灌、畦灌条件下需水量得出紫花苜蓿作物系数 K_c 值，见表 5-26。

表 5-26　不同灌溉条件下紫花苜蓿作物系数 K_c 值

灌溉条件	畦　灌	地埋滴灌
ET_0(mm)	733.2	
ET_c(mm)	630.5	513.9
K_c	0.86	0.70

4. 农十师畦灌条件下紫花苜蓿作物系数

根据多年平均气象资料计算 ET_0 以及畦灌条件下需水量得出紫花苜蓿作物系数 K_c 值，见表 5-27。

表 5-27　喷灌条件下紫花苜蓿作物系数 K_c 值

灌溉条件	畦　灌
ET_0(mm)	773.3
ET_c(mm)	804.1
K_c	1.04

5. 伊吾县喷灌条件下紫花苜蓿作物系数

根据多年平均气象资料计算 ET_0 以及喷灌条件下需水量得出紫花苜蓿作物系数 K_c 值，见表 5-28。

表 5-28 喷灌条件下紫花苜蓿作物系数 K_c 值

灌溉条件	喷灌
ET_0 (mm)	778.0
ET_c (mm)	470.7
K_c	0.61

6. 哈密市东郊喷灌条件下紫花苜蓿作物系数

根据多年平均气象资料计算 ET_0 以及喷灌条件下需水量得出紫花苜蓿作物系数 K_c 值,见表 5-29。

表 5-29 喷灌条件下紫花苜蓿作物系数 K_c 值

灌溉条件	喷灌
ET_0 (mm)	778.0
ET_c (mm)	865.7
K_c	1.15

5.3 青藏高原牧区

1. 拉萨地区燕麦、青稞作物系数

根据多年平均气象资料计算得出作物生育期内 ET_0 平均值,结合拉萨地区充分灌溉条件下多年实测需水量数据得出青稞、燕麦作物系数 K_c 值,见表 5-30。

表 5-30 畦灌条件下燕麦、青稞作物系数 K_c

作物种类	燕麦	青稞
ET_0 (mm)	578.7	565.3
ET_c (mm)	563.8	462.4
K_c	0.97	0.82

2. 当雄地区燕麦、青稞作物系数

根据多年平均气象资料计算得出作物生育期内 ET_0 平均值,结合当雄地区充分灌溉条件下多年实测需水量数据得出青稞、燕麦作物系数 K_c 值,见表 5-31。

表 5-31 畦灌条件下燕麦和青稞作物系数 K_c 值

作物种类	燕麦	青稞
ET_0 (mm)	577.6	570.3
ET_c (mm)	485.2	444.9
K_c	0.84	0.78

3. 青海省都兰县畦灌条件下燕麦作物系数

参考青海省都兰县试验区成果,畦灌条件下都兰县燕麦全生育期的需水量为245.0 mm。

根据2009～2011年青海省都兰县气象数据,得出都兰县燕麦生育期(5月上旬～8月下旬)ET_0为526.6 mm,见表5-32。

表5-32 都兰县畦灌条件下燕麦ET_0

年 份	2009年	2010年	2011年	平 均
ET_0(mm)	529.8	531.5	518.6	526.6

采用式(5-1)计算得出都兰县畦灌条件下燕麦的作物系数为0.47,见表5-33。

表5-33 都兰县畦灌燕麦作物系数K_c值

人工灌溉牧草	ET_c(mm)	ET_0(mm)	K_c
燕麦	245.0	526.6	0.47

4. 四川盆地饲料玉米作物系数

根据1951～2013年气象资料计算的多年平均ET_0及畦灌条件下需水量得出饲料玉米作物系数K_c值,见表5-34。

表5-34 饲料玉米作物系数K_c值

行政区划	ET_c(mm)	ET_0(mm)	K_c
都江堰市	475	514.44	0.92
广元市	540	559.31	0.97
达州市	474	540.81	0.88
遂宁市	507	568.81	0.89
叙永县	505	556.61	0.91

6 灌溉人工牧草需水量和需水规律研究

作物需水量计算是灌溉规划、设计及管理中的重要内容。农田水分消耗的途径主要有植株蒸腾、株间蒸发和深层渗漏，其中植株蒸腾和株间蒸发合称为腾发。在农田水分研究中，作物潜在腾发量是指在最适宜的土壤水分和肥力条件下，在田间正常生长发育、无病虫害并达到高产水平的特定作物的腾发量，也即通常所说的作物需水量。典型区域主要人工牧草需水量和需水规律研究主要根据以往的研究成果，同时结合现有的试验研究进行分析。

6.1 内蒙古及周边牧区

6.1.1 鄂温克旗

1. 研究区概况

鄂温克旗试验区设在内蒙古呼伦贝尔市鄂温克旗巴彦塔拉乡，地理坐标位于北纬49°0′13.1″、东经119°44′43.7″，海拔高度630 m左右，属于中温带半干旱大陆性气候，春季干旱多大风，时有寒潮低温；夏季温和短促，降水集中；秋季气候多变，降温快，霜冻早；冬季漫长寒冷，常有暴风雪天气。多年平均气温2.3 ℃，年极端高温39.7 ℃，年极端低温−46.6 ℃；降雨主要集中在6~8月份，占全年降雨量的70%~80%，多年平均降水量297.5 mm；多年平均蒸发量1 412.8 mm；多年平均风速4.0 m/s；年日照时数为2 900 h；无霜期115 d；多年平均最大冻土深度为2.8 m。土壤为黑钙土，土壤0~60 cm平均密度为1.61 g/cm^3，田间持水量为21.4%（占干土质量）。根据调查统计，呼伦贝尔地区主要种植青贮玉米，灌溉方式为喷灌。

2. 喷灌条件下青贮玉米需水量和需水规律

本研究参照科技部农业科技成果转化资金项目"呼伦贝尔草甸草原水草畜平衡管理技术与示范"研究成果，采用水量平衡法计算确定喷灌条件下青贮玉米多年平均条件下需水量为468 mm(312 m^3/亩)。

青贮玉米需水强度随气温的变化较为明显，气温的变化过程是低—高—低，其需水强度的变化过程是低—高—低。

青贮玉米按照生育期划分，分为苗期、分蘖期、拔节期、抽穗期、开花期和成熟期6个时期。从图6-1中可以看出，青贮玉米苗期植株幼小，地面覆盖度低，其水分消耗以地面蒸发为主，因此该阶段的需水强度较小；进入拔节期以后，营养生长加快，植株蒸腾速率增加较快，需水强度增大；拔节—抽穗期青贮玉米的株高和叶面积均达到最大，同时恰好处在一年中气温最高的季节，需水强度达到最大，其需水强度为6.0 mm/d，因为该阶段营养生长与生殖生长并进,根、茎、叶生长迅速,光合作用强烈,且此时气温升高、日照时间延长,该阶段是青贮玉米生长最旺时期,需水强度也达到峰值,对水分的反应特别敏感,是青贮玉米需水关键期;此后由于气温逐渐降低,叶片开始变黄,蒸腾活力降低,需水强度逐渐减小,到成熟期其值降到最低为 3.2 mm/d。因此,在拔节—抽穗期灌溉水,对确保青贮玉米需水和获得较高的产量尤为重要。

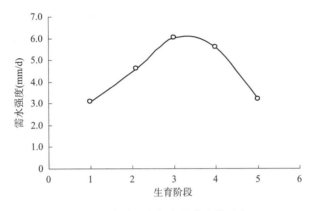

图 6-1　青贮玉米耗水强度变化过程

6.1.2　科尔沁左翼中旗

1. 研究区概况

内蒙古东部土地资源丰富,光热资源较好,然而水资源不足,且节水灌溉等水利基础设施严重滞后,导致丰富的土地资源及光热资源优势未能有效发挥。通过大力发展节水高效灌溉,大幅度提高水资源利用效率,增加灌溉面积,充分发挥该地区的土地资源优势。

通辽市光热资源丰富,水资源短缺严重,很多灌区、井灌区灌溉水量不足,灌溉面积较少。许多灌溉井由于地下水位下降而抽不上水,迫使重新配套潜水泵或报废水井。全市以饲料玉米、青贮玉米作物种植为主。通辽平原地处半干旱地带,干旱是制约农业经济发展的主要因素。该地区春旱频率高达 70% 以上,特别是近十年来春旱频率已达 90% 以上,夏、秋连旱频率 50%~60%。全市有效灌溉面积 913 万亩,其中地下水灌溉面积达 782 万亩,平原区的农田灌溉绝大部分使用地下水。多年来灌溉为通辽市粮食生产连续稳产、高产提供了可靠的保障。但是,存在灌溉水利用系数低,水分生产率低等问题。因灌溉用水量过大,导致通辽市水资源紧缺趋势严重。通辽市多年平均水资源总量为 37.47 亿 m³,其中地下水资源 35.31 亿 m³,地表水资源量 7.99 亿 m³。当前通辽市灌溉存在水资源短缺与水资源浪费并存,灌溉水利用率低等问题。针对当前饲料玉米、青贮玉米灌溉这一特点,开展饲料玉米、青贮玉米高效节水灌溉条件下的(特别是喷灌条件下的)各生育期需水规律与需水量研究,确定玉米在喷灌条件下的需、耗水量是十分有必要的。

喷灌是一种先进的灌水方式,在发达国家被广泛采用。喷灌有利于实现种植机械化、产业化。科尔沁左翼中旗试验区拟在喷灌条件下,最大限度地提高水分生产率,以缓解水资源短缺,提高水资源利用效率,保障水资源可持续利用,促进地方社会经济的可持续发展。

科尔沁左翼中旗位于东经121°08′~123°32′、北纬43°32′~44°32′，平均海拔高度120~215 m。全旗属温带大陆性季风气候，四季分明。春季回暖快，多风沙；夏季雨热同步，雨量集中；秋季短促，降温快；冬季干冷漫长。多年平均无霜期140 d，全年日照时数2 892 h，多年平均降雨量350 mm，年平均气温为5.5 ℃。土壤以风沙土、草甸土、栗钙土、盐碱土为主，宜农、宜牧、宜林。

2. 喷灌条件下饲料玉米青贮玉米需水量

根据水利部牧区水利科学研究所承担完成的"内蒙古东部节水增粮高效灌溉技术集成研究与规模化示范"，确定喷灌条件下饲料玉米、青贮玉米需水量和需水规律。

通辽地区饲料玉米一般4月底或5月上旬播种，正常年份9月下旬或10月上旬收获。从表6-1中可以看出：科尔沁左翼中旗试验区饲料玉米全生育生长天数145 d，全生育期多年平均需水量433.4 mm，拔节期、抽雄期日需水强度明显高于其他生育期，平均可达4.7 mm/d、4.5 mm/d，灌浆成熟期平均需水强度最小只有1.6 mm/d。播种—出苗需水强度较大可达到3.6 mm/d，这与科尔沁左翼中期地区4月、5月份风大、风多有直接关系，该地区4月、5月份多年平均风速可达2.5 m/s，6月、7月、8月、9月多年平均风速只有0.6 m/s。饲料玉米拔节期株高增加最明显，最大生长高度可达5 cm/d，拔节期需水量也达到130.9 mm，需水模数占到30%以上。综上所述饲料玉米需水关键期为拔节期与抽雄期。

表6-1　饲料玉米需水规律

生 育 期	生长天数(d)	需水强度(mm/d)	需水模数	需水量(mm)
播种—出苗	14	3.6	11.6%	50.2
苗期	39	2.1	18.6%	80.7
拔节期	28	4.7	30.2%	130.9
抽雄期	24	4.5	25.1%	108.9
灌浆成熟期	40	1.6	14.45%	62.6
全生育期	145	3.3	100%	433.4

通辽地区青贮玉米一般5月上旬或5月中旬播种，正常年份8月下旬或9月上旬收获，生育期较饲料玉米要短。从表6-2中可以看出：科尔沁左翼中旗试验区青贮玉米全生育生长天数113 d，全生育期多年平均需水量422.3 mm，全生育期内日需水强度拔节期>分蘖期>抽雄期>苗期>出苗前，其中拔节期明显高于其他生育期，平均可达4.8 mm/d。青贮玉米拔节期株高增加最明显，最大生长高度可达7 cm/d，拔节期多年平均需水量也达到155.9 mm，需水模数占到36.9%，由此可知青贮玉米需水关键期为拔节期。

表6-2　青贮玉米需水规律

生 育 期	生长天数(d)	需水强度(mm/d)	需水模数	需水量(mm)
播种—出苗	10	2.9	6.9%	29.1
苗期	18	3.0	12.8%	54.0
分蘖期	24	3.9	22.1%	93.4

续上表

生 育 期	生长天数(d)	需水强度(mm/d)	需水模数	需水量(mm)
拔节期	32	4.8	36.9%	155.9
抽雄期	29	3.1	21.3%	89.9
全生育期	113	3.6	100%	422.3

6.1.3 锡林浩特市

1. 青贮玉米

(1) 研究区概况

试验区位于锡林浩特市沃原奶牛场,北纬44°00′56.5″,东经116°06′55.4″,海拔高度978 m,距锡林浩特市区6 km。多年平均气象状况:降水量289.2 mm,蒸发量1 862.9 mm(20 cm蒸发皿);平均气温2.3 ℃,极端最高气温39.2 ℃,极端最低气温−42.4 ℃;平均风速3.4 m/s,最大风速29 m/s,最大冻土深度2.89 m。由于受季风的影响,降水量年内分配极不均衡,7~8月降水量占全年降水总量的70%,而且多以阵雨的形式出现。土壤类型主要以栗钙土为主,土壤钾素含量相对较高,而氮和磷含量较低,有机质含量在2%~3%,全氮含量低于10%。土壤0~100 cm平均密度为1.66 g/cm³,田间持水量为14.3%(占干土质量)。试验牧草品种为青贮玉米,灌溉方式为滴灌和喷灌。

(2) 青贮玉米需水量和需水规律

根据水利部牧区水利科学研究所承担完成"水利部行业公益性科研专项"和内蒙古自治区水利科学研究院承担完成"内蒙古自治区新增四个千万亩节水灌溉工程科技支撑项目"的成果,确定滴灌和喷灌条件下青贮玉米需水量和需水规律。

1) 滴灌。根据水利部牧区水利科学研究所承担完成的"水利部行业公益性科研专项",得出青贮玉米的需水规律变化,如图6-2所示,见表6-3。

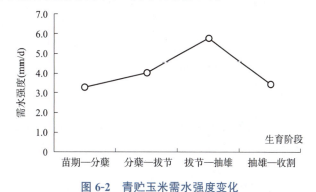

图6-2 青贮玉米需水强度变化

表6-3 锡林浩特市滴灌条件下青贮玉米需水规律

生 育 期	生长天数(d)	需水强度(mm/d)	需水模数	需水量(mm)
苗期—分蘖	21	3.3	17.8%	69.0

续上表

生育期	生长天数(d)	需水强度(mm/d)	需水模数	需水量(mm)
分蘖—拔节	22	4.0	22.7%	88.3
拔节—抽雄	27	5.8	40.1%	155.8
抽雄—收割	22	3.4	19.4%	75.4
全生育期	92	4.2	100%	388.5

从图6-2和表6-3中可以看出：青贮玉米苗期气温较低，降雨少，植株生长速度较缓慢，个体叶面积指数小，需水强度较小，为3.3 mm/d；拔节—抽雄期随着气温的升高，生理和生态需水相应增多，生长与生殖生长并进，根、茎、叶生长迅速，光合作用强烈，需水强度达到最大，为5.8 mm/d，这一阶段是青贮玉米生长最旺的时期，对水分的反应特别敏感，是青贮玉米需水关键期；此后随着气温逐渐降低，需水强度也逐渐减小，到成熟期其值降到最低为3.4 mm/d，整个生育期平均需水强度为4.2 mm/d。

2）喷灌。根据内蒙古自治区水利科学研究院承担完成"内蒙古自治区新增四个千万亩节水灌溉工程科技支撑项目"的成果，得出喷灌条件下青贮玉米的需水量规律，见表6-4。

表6-4 锡林浩特市喷灌条件下青贮玉米需水规律

生育期	生长天数(d)	需水强度(mm/d)	需水模数	需水量(mm)
苗期—分蘖	24	3.4	19.3%	82.3
分蘖—拔节	32	4.5	33.9%	145.0
拔节—抽雄	27	5.8	36.8%	157.1
抽雄—收割	15	2.9	10.0%	42.9
全生育期	98	4.4	100.0%	427.3

从表6-4中可以看出：青贮玉米苗期需水强度较小，为3.4 mm/d；拔节—抽雄期随着气温的升高，生理和生态需水相应增多，生长与生殖生长并进，根、茎、叶生长迅速，光合作用强烈，需水强度达到最大，为5.8 mm/d，该阶段是青贮玉米生长最旺的时期，对水分的反应特别敏感，是青贮玉米需水关键期；此后随着气温逐渐降低需水强度也逐渐减小，到成熟期其值降到最低为2.9 mm/d，整个生育期平均需水强度为4.4 mm/d。

2. 披碱草

试验区选在锡林浩特市林业水务局四千亩节水灌溉饲草料基地，基地位于锡林浩特市区以西7 km的达布希勒特苏木境内，地理坐标为东经115°18′～117°06′，北纬43°02′～44°52′。

根据内蒙古科技支撑项目"内蒙古牧区水资源高效利用综合技术集成与示范"成果（2004～2006年），得出畦灌条件下披碱草的需水量为498.0 mm。

6.1.4 正蓝旗

1. 研究区概况

正蓝旗地理位置北纬41°56′～42°11′，东经115°00′～116°25′，地处大兴安岭—燕山阴山弧形构造北麓,属中温带大陆性气候区,年均降水量305.6 mm,平均气温5.1 ℃,最高气温35.7 ℃,最低气温-35.1 ℃;冬春季节多风,以偏西风为主,最大风力可达10级以上;春季干旱,降雨多集中在6～9月份,成为地下水接受补给的主要时期;多年平均蒸发量为1 954.2 mm,相对湿度为60%;多年平均无霜期为101 d。因降水较多,加之气温偏低,所以形成了以典型草原为主的草地植被。

试验区位于内蒙古锡林郭勒盟正蓝旗上都高勒镇灌溉试验场(北纬42°16′,东经118°52′28″,海拔高程1 319 m),正蓝旗年平均气温为1.5 ℃,夏季凉爽宜人,是避暑的好地方。多年平均降雨量为365.1 mm,而且主要集中在7～9月份,约占全年降雨量的80%～90%,全年无霜期104 d。试验区土壤质地为中壤土,1.2 m土层的平均田间持水量为26%,地下水埋深7.0 m。试验牧草品种为青贮玉米,灌溉方式为喷灌。

2. 青贮玉米需水量和需水规律

根据内蒙古农业大学水利与土木建筑工程学院承担完成"水利部公益性行业科研专项经费项目"的成果,得出喷灌条件下青贮玉米需水量规律,见表6-5。

表6-5 正蓝旗喷灌条件下青贮玉米需水规律

生长阶段	5月	6月			7月			8月			9月	合计
	下旬	上旬	中旬	下旬	上旬	中旬	下旬	上旬	中旬	下旬	上旬	
需水量(mm)	28.8	38.4	40.7	47.6	57.3	61.2	71.6	59.3	56.1	68.0	34.0	563.0
需水强度(mm/d)	2.6	3.8	4.1	4.8	5.7	6.1	6.5	5.9	5.6	4.2	3.5	5.0

从表6-5可知:青贮玉米5月下旬播种,需水强度为2.6 mm/d,之后随着植株的发育耗水量逐步增加,到7月下旬需水强度达到6.5 mm/d后逐步减少,到9月上旬刈割收贮时需水强度下降到3.5 mm/d。

6.1.5 四子王旗

1. 研究区概况

四子王旗位于内蒙古中部、大青山北麓,乌兰察布市西北部,地理坐标为东经110°20′～113°,北纬41°10′～43°22′;属典型的大陆性干旱气候,春季干旱多风,夏季炎热短暂,秋季多雨凉爽,冬季严寒漫长,四季更替非常明显。地势高寒,十年九旱,风沙不断,寒暑变化剧烈,昼夜温差大。多年平均温度2.9 ℃,年降水量为313.8 mm,且分布极不均匀,多集中于7～9月份;蒸发量大大超过降水量,年蒸发量高达1 600～2 400 mm,是降水量的8倍。蒸发量最大值出现于5～6月份,高达1 500～2 300 mm。大风日数多,风力强,持续时间长,大部分地区在250～270 d;无霜期100～120 d。试验牧草品种为青贮玉米、紫花苜蓿和披碱草,灌溉方式为畦灌。

2. 灌溉人工牧草需水量

根据水利部牧区水利科学研究所研究成果,得出畦灌条件下灌溉人工牧草需水量,见表6-6。

表 6-6　畦灌条件下灌溉人工牧草需水量

灌溉人工牧草	需水量(mm)
紫花苜蓿	400.4
披碱草	535.3
青贮玉米	417.9

6.1.6　达茂旗

1. 研究区概况

达茂旗位于内蒙古自治区西部,阴山北麓。达茂旗地处中温带,又深居内陆腹地,大陆性气候特征十分显著,属于温带半干旱大陆性气候。春季干旱多风,夏季干旱炎热,秋季秋高气爽,冬季寒冷干燥。年均降水量 256.6 mm,且 80% 集中在 7～9 月份;年蒸发量 2 200～2 800 mm,是降水量的 8～11 倍;主要风向为西北风,最大风速 4.4 m/s;光照充足,温度多变,温差较大,年均气温 3.4 ℃;无霜期 106 d,年日照时数 3 200 h;≥5 ℃有效年低积温为 2 686 ℃,≥10 ℃有效年积温为 2 289 ℃。试验牧草品种为青贮玉米、紫花苜蓿和披碱草,灌溉方式为畦灌。

2. 灌溉人工牧草需水量

根据胡雨琴研究成果,得出畦灌条件下灌溉人工牧草需水量,见表 6-7。

表 6-7　畦灌条件下灌溉人工牧草需水量

灌溉人工牧草	需水量(mm)
紫花苜蓿	419.0
披碱草	561.6
青贮玉米	433.3

6.1.7　达拉特旗

1. 研究区概况

达拉特旗属典型温带大陆性气候,昼夜温差大,日照时间长,年平均气温 6.7 ℃,年平均降水量 294.3 mm,年平均日照时数 3 100 h,无霜期 156 d。试验牧草品种为饲料玉米,灌溉方式为滴灌。

2. 饲料玉米需水量和需水规律

根据中国农科院农田灌溉研究所完成的项目成果,得出饲料玉米需水量,具体见表 6-8。

表 6-8　不同水分处理的滴灌饲料玉米需水量

试验处理	高水分处理	中水分处理	低水分处理
需水量(mm)	590.4	466.4	322.6

需水规律:需水强度苗期 1.8～2.2 mm/d,拔节期 3.2～5.1 mm/d,孕穗—开花期

5.8～7.5 mm/d,灌浆期 3.8～4.1 mm/d,成熟期 1.5～3.0 mm/d。滴灌条件下饲料玉米全生育期需水量为 326.0 mm。

6.1.8 鄂托克旗

1. 研究区概况

试验区地处内蒙古鄂托克旗西部的赛乌素灌溉饲草料基地,年平均降水量 215 mm,平均蒸发量 2 542 mm,年平均气温 7.5 ℃,无霜期 140 d,平均日照时数 3 052 h,为典型的干旱荒漠草原。试验牧草品种为饲料玉米,灌溉方式为畦灌。

2. 饲料玉米需水量与需水规律

根据水利部牧区水利科学研究所承担完成"农业科技成果转化资金项目"的项目成果,得出畦灌条件下饲料玉米需水量和需水规律,见表 6-9。

表 6-9 畦灌条件下饲料玉米需水量及需水强度

生育期	播种—苗期	苗期—拔节	拔节—扬花	扬花—抽穗	抽穗—灌浆	灌浆—成熟	全生育期
起止月日	5.7～5.16	5.17～6.25	6.26～7.17	7.18～7.22	7.23～8.13	8.14～9.18	5.7～9.18
天数(d)	10	40	22	5	22	36	135
需水量(mm)	42.2	228.6	162.2	22.5	138.5	49.6	643.6
需水强度(mm/d)	4.2	5.7	7.4	4.5	6.3	1.4	4.8

饲料玉米畦灌条件下的需水强度呈现由低到高再到低的规律,耗水高峰期一般出现在拔节—扬花。春季苗期的需水强度为 4.2 mm/d,苗期—拔节期为 5.7 mm/d,拔节—扬花期为 7.4 mm/d,扬花—抽穗期为 4.5 mm/d,抽穗—灌浆期为 6.3 mm/d,灌浆—成熟期为 1.4 mm/d;整个生育期的耗水量为 643.6 mm。

6.1.9 鄂托克前旗

1. 研究区概况

鄂托克前旗位于内蒙古自治区鄂尔多斯市西南端,毛乌素沙地腹部,地处内蒙古、陕西、宁夏三省交界处,东与乌审旗接邻,南与陕西省定边县、靖边县和宁夏盐池县相邻,西邻宁夏灵武市,北与鄂托克旗毗连。地理坐标东经 106°30′～108°30′,北纬 37°38′～38°45′,东西长 156 km,南北宽 80 km,总面积 12 180 km²。

鄂托克前旗地形为中间高、东西低,最低处海拔 1 160 m,最高点海拔 1 552.1 m,境内最大相对高程 392.1 m。鄂托克前旗主要呈高原和沙地地貌,东部为毛乌素沙地,西部为鄂尔多斯波状高原。土壤种类主要有黄绵土、灰钙土、栗钙土、棕钙土、风沙土、草甸土、盐土、沼泽土等。

鄂托克前旗属于中温带温暖型干旱、半干旱大陆性气候,冬寒漫长,夏热短促,干旱少雨,风大沙多,蒸发强烈,日光充足。多年平均气温 7.9 ℃,日最高气温 30.8 ℃,日最低气温 −24.1 ℃。多年平均降水量为 260.6 mm,降水量年内分配很不均匀,年际变化较大。7～8 月降水量一般占年降水量的 30%～70%,6～9 月降水量一般占年降水量的 60%～90%。最大年降水量为417.2 mm(1985年),最小年降水量为118.8 mm(2005年),极值比3.5。多年平均蒸发量为2 497.9 mm,最大年蒸发量为2 910.5 mm(1987年),最小年蒸发量为2 162.3 mm(2007年),极值比1.3。4～9月蒸发量一般占年蒸发量的70%～80%,5～7月蒸发量一般占年蒸发量的40%～50%。常年盛行风向为南风,其次是西风和东风,多年平均风速2.6 m/s。年平均沙暴日数16.9 d,相对湿度年平均49.8%;年平均日照时数为2 958 h;年平均无霜期171 d,最大冻土层深度1.54 m。

2. 试验区概况

试验区位于鄂托克前旗昂素镇哈日根图嘎查巴图巴雅尔牧户,人口3人;现围封天然草地3864亩,节水灌溉饲草地面积315亩,主要种植饲草为紫花苜蓿和饲料玉米。其中紫花苜蓿种植面积为180亩,饲料玉米种植面积为135亩。

试验区有水源井2眼,井深均为150 m,出水量为40 m³/h,配套水泵2台,各类变压器2台;配设喷灌机2台,控制面积为142亩的中心支轴式喷灌机一台,控制面积为150亩的卷盘式喷灌机一台。试验牧草品种为紫花苜蓿和饲料玉米,灌溉方式为喷灌和地埋滴灌。

3. 喷灌紫花苜蓿需水量试验成果

根据水利部科技推广计划项目"鄂托克前旗示范区大型喷灌综合节水技术集成与示范推广"和内蒙古新增"四个千万亩"节水灌溉工程科技支撑项目"荒漠化牧区灌溉人工草地综合节水技术集成研究与示范"研究成果:鄂托克前旗喷灌条件下紫花苜蓿全生育期的需水量为536.2 mm,见表6-10。

表6-10　鄂托克前旗试验区喷灌条件下紫花苜蓿需水量

时间	2012年	2013年	2014年	平均
需水量ET_c(mm)	541.0	532.4	535.3	536.2

4. 喷灌饲料玉米需水量试验成果

根据水利部科技推广计划项目"鄂托克前旗示范区大型喷灌综合节水技术集成与示范推广"和内蒙古新增"四个千万亩"节水灌溉工程科技支撑项目"荒漠化牧区灌溉人工草地综合节水技术集成研究与示范"研究成果:鄂托克前旗喷灌条件下饲料玉米全生育期的需水量为499.3 mm,见表6-11。

表6-11　鄂托克前旗试验区喷灌条件下饲料玉米需水量

时间	2012年	2013年	2014年	平均
需水量ET_c(mm)	507.5	486.6	503.7	499.3

5. 地埋滴灌紫花苜蓿需水量试验成果

根据水利部科技推广计划项目"西北牧区水草畜平衡管理和饲草地节水增效技术示范与推广"和内蒙古新增"四个千万亩"节水灌溉工程科技支撑项目"荒漠化牧区灌溉人工草地综合节水技术集成研究与示范"研究成果:鄂托克前旗地埋滴灌条件下紫花苜蓿全生育期的需水量为460.0 mm(2015年试验成果)。

6.1.10 乌审旗

1. 研究区概况

乌审旗位于内蒙古自治区最南端,鄂尔多斯市高原南部的构造凹陷盆地,地处鄂尔多斯高原向黄土高原过渡的低洼地带,平均海拔 1 200 m,地理坐标东经 108°17′36″~109°40′22″,北纬 37°38′4″~39°23′50″。属温带大陆性季风气候,年平均气温 7.9 ℃,极端最高气温 37.9 ℃,极端最低气温−28.0 ℃。年平均降雨量 333.7 mm,年平均无霜期 153 d,年平均日照时数 2 902.4 h,年平均风速 2.4 m/s,年平均蒸发量为 2 220.7 mm。

试验区位于乌审旗毛乌素沙地的沙漠研究所,多年平均气温 6.8 ℃,年极端高温 36.5 ℃,年极端低温−29 ℃;降雨主要集中在 6~8 月份,年降水量 350~400 mm,年蒸发量 2 200~2 800 mm;年均日照时数为 2 886 h,无霜期 113~156 d 间。土壤质地属沙质土壤,0~100 cm 土壤密度为 1.41 g/cm³,田间持水量为 16.43%(占干土重),地下水位埋深较浅。试验牧草品种为紫花苜蓿和青贮玉米,灌溉方式为畦灌、喷灌和滴灌。

2. 紫花苜蓿需水量和需水规律

(1)畦灌

根据"毛乌素沙地高效人工牧草水分利用机理研究"项目成果,确定畦灌条件下紫花苜蓿的需水量和需水规律,如图 6-3 所示,见表 6-12。

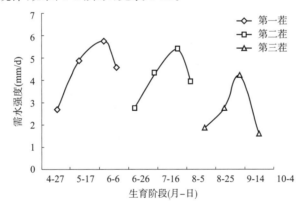

图 6-3 紫花苜蓿畦灌条件下需水强度变化过程

表 6-12 畦灌条件下紫花苜蓿需水规律

刈割次数	生育期	日期及生育天数	需水强度(mm/d)	耗水模数	全生育期需水总量(mm)
第一茬	返青期	4.25~5.8,14 d	2.68	6.4%	37.5
	分枝期	5.9~5.23,15 d	4.88	12.5%	73.2
	孕蕾期	5.24~6.9,17 d	5.77	16.7%	98.1
	开花期	6.10~6.18,19 d	2.18	7.0%	41.4
	小 计		3.85	42.6%	250.2

续上表

刈割次数	生育期	日期及生育天数	需水强度(mm/d)	耗水模数	全生育期需水总量(mm)
第二茬	返青期	6.19～6.30,12 d	2.74	5.6%	32.9
	分枝期	7.1～7.14,14 d	4.32	10.3%	60.5
	孕蕾期	7.15～7.30,16 d	5.39	14.7%	86.2
	开花期	7.31～8.8,9 d	3.92	6.0%	35.3
	小　计		4.21	36.6%	214.9
第三茬	返青期	8.9～8.17,9 d	1.88	2.9%	16.9
	分枝期	8.18～8.31,14 d	2.74	6.5%	38.4
	孕蕾期	9.1～9.11,11 d	4.21	7.9%	46.3
	开花期	9.12～9.24,13 d	1.60	3.5%	20.8
	小　计		2.60	20.8%	122.4
合　计		153 d	3.84	100.0%	587.5

从图 6-3 和表 6-12 中可以看出,紫花苜蓿不同生育阶段的需水强度不同,其需水规律在时间上的总体趋势是低—高—低,且耗水强度随生育进程的变化幅度很大。就第一茬而言,由于返青阶段的气温较低,紫花苜蓿生长缓慢,枝叶较少,因此蒸发蒸腾量非常低,平均日耗水量只有 2.68 mm。随着气温的升高,在进入分枝期以后,苜蓿快速生长,枝叶数量逐渐增多,生理和生态需水也日益增多,这个阶段平均日耗水量达 4.88 mm。需水量在孕蕾期达到最大值,该阶段需水量占整个生长季总耗水量的 40.55%,平均耗水强度为 5.77 mm/d。开花期后,紫花苜蓿趋于成熟,主要以生殖生长为主,需水强度又降低。生长在成熟期进行第一次刈割后,再经过返青—刈割的过程,第二、第三茬重复上述趋势。三茬需水高峰期均出现在分枝—孕蕾期,说明此生育阶段需水量最大,而且是影响紫花苜蓿产量和质量的主要阶段。

(2)喷灌

根据国家高技术研究发展计划(863 计划)"半干旱生态植被建设区饲草料节水灌溉与水草资源可持续利用技术研究"项目成果,确定喷灌条件下紫花苜蓿的需水量和需水规律。如图 6-4 所示,见表 6-13。

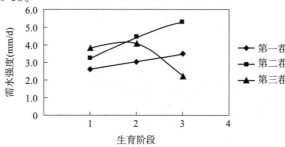

图 6-4　紫花苜蓿喷灌条件下需水强度变化过程

表 6-13 喷灌条件下紫花苜蓿需水规律

刈割次数	生育期	日期及生育天数	需水强度(mm/d)	耗水模数	全生育期需水总量(mm)
第一茬	返青—分枝	4.20～5.5,16 d	2.63	4.4%	184.3
	分枝—孕蕾	5.6～5.31,26 d	3.06	12.9%	
	孕蕾—开花	6.1～6.18,18 d	3.48	16.6%	
	小 计	60 d	4.23	33.9%	
第二茬	返青—分枝	6.19～6.29,11 d	3.24	3.7%	203.9
	分枝—孕蕾	6.30～7.19,20 d	4.43	19.6%	
	孕蕾—开花	7.20～8.3,15 d	5.31	11.7%	
	小 计	46 d	4.33	35.1%	
第三茬	返青—分枝	8.4～8.15,12 d	3.84	6.0%	172.2
	分枝—孕蕾	8.16～9.6,22 d	4.08	19.6%	
	孕蕾—开花	9.7～9.22,16 d	2.27	5.4%	
	小 计	50 d	3.40	31.1%	
合 计		156 d	3.99	100%	560.3

从表 6-13 中可以看出，三次刈割的紫花苜蓿，其耗水强度不同。第一茬紫花苜蓿耗水强度趋势由小到大，返青—分枝期，气温较低，生长速度较缓慢，需水强度变幅不大，耗水强度为 2.63 mm/d，随着气温的增高和生长速度加快，生理和生态耗水相应增多，在开花期达到最大，其耗水强度为 3.48 mm/d。

第二茬紫花苜蓿耗水强度趋势由小到大，返青—分枝期，气温较高，耗水强度变幅较大，在孕蕾—开花期达到最大，其耗水强度为 5.31 mm/d。

第三茬紫花苜蓿耗水强度趋势由小到大，然后又变小；返青—分枝期，气温较高，但此时土壤水分的消耗主要是棵间蒸发，因此耗水强度较小；随生长速度加快，在现蕾期达到最大，其耗水强度为 4.08 mm/d；此后温度逐渐降低，并且进入雨季，其耗水强度逐渐降低。

3. 青贮玉米需水量和需水规律

根据"鄂尔多斯荒漠化草原饲草料高效节水灌溉综合技术集成示范"成果报告，确定滴灌条件下青贮玉米的需水量和需水规律，如图 6-5 所示，见表 6-14。

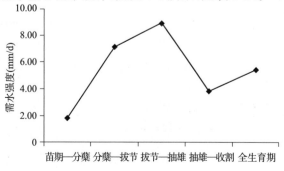

图 6-5 滴灌条件下青贮玉米耗水强度变化过程

表 6-14 滴灌条件下青贮玉米的需水规律

生育期	生长天数(d)	需水强度(mm/d)	阶段需水模数	需水量(mm)
苗期—分蘖	43	1.85	13.62%	79.82
分蘖—拔节	24	7.17	29.37%	172.12
拔节—抽雄	21	8.92	31.97%	187.34
抽雄—收割	18	3.86	25.04%	146.7
全生育期	126	5.45	100%	585.98

由表 6-14 可知,整个生育期内青贮玉米滴灌的蒸发蒸腾规律总体趋势是前期少,中期多,后期又略少。滴灌条件下,苗期玉米植株矮小,生长缓慢,耗水量基本为地面土壤蒸发,叶面蒸腾量较少,需水强度较低,仅为 1.85 mm/d;进入分蘖—拔节后,植株生长逐渐增大,消耗水分较多,需水强度增大到 7.17 mm/d,阶段需水模数为 29.4%;到拔节—抽雄期,玉米新陈代谢最为旺盛,即营养生长和生殖生长阶段蒸发蒸腾量占整个生育期总耗水量的 31.97%,需水强度达到最高峰为 8.92 mm/d,根茎叶健全,叶面积达到全生育期最大,故蒸腾耗水量高;而当进入抽雄—收割期后,青贮玉米趋于成熟,主要以生殖生长为主,气温和太阳辐射强度也降低,大量叶片开始脱落,需水强度又逐渐减小,阶段需水模数为 25.0%。

6.1.11 磴口县

1. 研究区概况

磴口县位于内蒙古西部河套平原源头,乌兰布和沙漠东部边缘。地处东经 106°9′~107°10′,北纬 40°9′~40°57′之间,年平均气温 7.6 ℃,植物生长期的 5~9 月份光合有效辐射 40.19 kcal/cm^2,植物生长期的积温约为 3 100 ℃,生长期昼夜温差 14.5 ℃。年平均降雨量 144.5 mm,年均蒸发量 2 397.6 mm。

紫花苜蓿试验区位于磴口县三海子,试验区土壤为粉壤土,平均土壤密度为 1.58 g/cm^3,最大田间持水量 21.23%。试验区内地下水埋深在 2.5~3.0 m。

饲料玉米试验区位于磴口县坝楞村,属干旱半干旱、半荒漠草原地带。土壤田间持水量为 23.41%,土壤密度为 1.48 g/cm^3,土质为砂质壤土。冻土层厚度 1.15 m,冻融历时 180 d 左右,为典型中温带大陆性季风气候。

2. 项目成果来源

根据水利部牧区水利科学研究所承担完成"内蒙古自治区水利科技重大专项"和"中国水科院科研专项"的项目成果,确定滴灌条件下紫花苜蓿需水量和需水规律。由国家"十二五"科技支撑项目"内蒙古河套灌区粮油作物节水技术集成与示范项目"的成果确定畦灌和滴灌条件下饲料玉米需水量和需水规律。

3. 滴灌条件下紫花苜蓿需水量和需水规律

滴灌条件下紫花苜蓿需水量和需水规律见表 6-15。

表 6-15　地埋滴灌条件下紫花苜蓿需水规律

生育期	第一茬	第二茬	第三茬	全生育期
需水量(mm)	250.3	131.6	85.4	467.3
生育天数(d)	62	46	34	142
需水强度(mm/d)	4.06	2.64	2.58	3.09

从表6-15可以看出：第一茬耗水量为250.3 mm，第二茬耗水量为131.6 mm，第三茬耗水量为85.4 mm。需水强度第一茬为4.06 mm/d，第二茬为2.64 mm/d，第三茬为2.58 mm/d。

4. 饲料玉米需水量和需水规律

(1) 畦灌

畦灌条件下饲料玉米播种—拔节期需水量147.6 mm，拔节—抽雄期需水量137.9 mm，抽雄—开花期需水量102.4 mm，开花—灌浆期需水量123.9 mm，灌浆—成熟期需水量57.9 mm。全生育期需水量569.6 mm，见表6-16。

表 6-16　畦灌条件下饲料玉米需水规律

生育期	阶段需水量(mm)	生育天数(d)	需水强度(mm/d)	全生育期需水量(mm)
播种—拔节	147.6	48	3.08	
拔节—抽雄	137.9	31	4.45	
抽雄—开花	102.4	12	8.53	569.6
开花—灌浆	123.9	8	15.5	
灌浆—成熟	57.9	49	1.18	

(2) 滴灌

滴灌条件下饲料玉米播种—拔节期需水量39.5 mm，拔节—抽雄期需水量168.1 mm，抽雄—开花期需水量77.1 mm，开花—灌浆期需水量78.2 mm，灌浆—成熟期需水量102.8 mm。全生育期需水量465.8 mm，见表6-17。

表 6-17　滴灌条件下饲料玉米需水规律

生育期	阶段需水量(mm)	生育天数(d)	需水强度(mm/d)	全生育期需水量(mm)
播种—拔节	39.5	48	0.82	
拔节—抽雄	168.1	31	5.60	
抽雄—开花	77.1	12	6.43	465.8
开花—灌浆	78.2	8	9.77	
灌浆—成熟	102.8	49	2.14	

6.1.12　阿拉善左旗

1. 研究区概况

阿拉善左旗地处于内蒙古自治区西部，东接磴口县、乌拉特后旗、乌海市；东南与宁夏石嘴山市、银川市、青铜峡市、平罗县相望;南交甘肃景泰县、古浪县、宁夏中卫市、中宁县;西连甘肃武威市、民勤县,阿拉善右旗;北与蒙古国接壤。

阿拉善左旗属温带荒漠干旱区,为典型的大陆型气候,以风沙大、干旱少雨、日照充足、蒸发强烈为主要特点。年降雨量 80~220 mm,年蒸发量 2 900~3 300 mm。日照时数 3 316 h,年平均气温 7.2 ℃,无霜期 120~180 d。

灌区位于内蒙古阿拉善左旗南部的嘉尔嘎勒赛汉镇,东南两侧与贺兰山南端余脉低山丘陵的山前地带连接,西邻腾格里沙漠,北接十三道梁草场,地形为四面隆起中心偏东的闭流盆地。地理坐标为东经 105°16′~105°30′,北纬 37°50′~37°58′,海拔 1 330~1 440 m。

研究区属大陆性干旱气候,冬季严寒,夏季酷热,降水稀少,蒸发强烈,风大沙大,日照充足。年平均气温 8.2 ℃,最热在 6~8 月,最冷为 12 月和 1 月。该区多年平均降水量为 150.4 mm,降水在年内的分布一般 5~10 月份降水量最多,占全年降水的 70% 以上,11 月至次年 4 月降水量很少;该区多年平均蒸发量为 2 886.2 mm,蒸发量年内分布不均,11 月至次年 2 月蒸发量较小,在 100 mm 以下;蒸发主要集中于 4~9 月,尤其是 5~7 月蒸发量最大,占总蒸发量的 45%。

2. 项目成果来源

根据 2003 年郭克贞主编的论著《草原节水灌溉理论与实践》中的成果确定畦灌紫花苜蓿需水量和需水规律;根据 2006 年刘贯群等人发表的《李井灌区主要作物节水灌溉模式的研究》的成果确定畦灌条件下饲料玉米需水量和需水规律;根据 2014 年周磊的硕士学位论文《内蒙古阿拉善左旗沙漠绿洲玉米节水灌溉试验研究》的成果确定滴灌条件下饲料玉米需水量和需水规律。

3. 紫花苜蓿需水量和需水规律

畦灌条件下紫花苜蓿需水量和需水强度见表 6-18。

表 6-18 畦灌条件下紫花苜蓿需水量

生育期	生育天数(d)	阶段需水量(mm)	需水强度(mm/d)
返青—分枝	25	72.7	2.91
分枝—孕蕾	28	143.0	5.11
孕蕾—开花	18	232.0	12.89
开花—结荚	16	218.0	13.63
结荚—成熟	32	43.7	1.37
合　计	119	709.4	6.0

4. 饲料玉米需水量和需水规律

(1)畦灌

畦灌条件下饲料玉米需水量 711.6 mm,具体见表 6-19。

表 6-19 畦灌条件下饲料玉米需水量　　　　　　　　(单位:mm)

月　份	1999 年	2000 年
5	72.7	77.1
6	143.0	159.9

续上表

月　份	1999 年	2000 年
7	232.0	259.4
8	218.0	179.3
9	43.7	37.9
合　计	709.5	713.7
平　均	711.6	

(2)滴灌

滴灌条件下饲料玉米的需水量为 741.1 mm，潜在腾发量为 850.6 mm。旬平均实际需水量和旬平均潜在腾发量分别为 49.1 mm 和 56.71 mm，见表 6-20。

表 6-20　滴灌条件下饲料玉米需水量

生育阶段	需水量(mm)	占全生育期比例
苗期	73.1	8.37%
拔节期	184.6	26.05%
抽雄期	280.4	37.11%
灌浆期	167.4	23.43%
成熟期	35.59	5.03%
合　计	741.1	100%

6.1.13　同　心　县

1. 研究区概况

同心县位于宁夏回族自治区中南部，隶属吴忠市，地处鄂尔多斯台地与黄土高原北部的衔接地带，北纬 36°58′48″，东经 105°54′24″，东与甘肃环县相邻，南与固原市毗连，西与海原县相邻，北与红寺堡相接。同心县地势为南高北低，海拔 1 240~2 625 m，属丘陵沟壑区。地貌类型主要有山脉、黄土丘陵、河谷滩地、沙漠等，地形复杂，山川纵横交错分布，总面积 4 662 km²。

同心县属典型的温带大陆性气候，四季分明，日照充足，昼夜温差大，年均降水量 259 mm，而蒸发量达 2 325 mm 以上，干旱缺水是其最大的自然特征。

2. 饲料玉米需水量试验成果

根据 2013 年周斌和李凤霞发表的《宁夏中部干旱带玉米需水规律与节水补灌技术指标研究》研究成果，宁夏同心县饲料玉米全生育期的需水量为 482.0 mm(2009~2011 年下马关镇试验区成果)，见表 6-21。

表 6-21　饲料玉米需水量

年　份	2009 年	2010 年	2011 年	平　均
需水量 ET_c(mm)	480.0	487.0	479.0	482.0

6.1.14 天祝县

1. 研究区概况

天祝县地处甘肃省中部,武威市南部;位于河西走廊和祁连山东端,东经 $102°07'$~$103°46'$,北纬 $36°31'$~$37°55'$ 之间,全县辖域面积 7 149 km²。海拔最高 4 874 m,最低 2 050 m,气候以乌鞘岭为界,岭南属大陆性高原季风气候,岭北属温带大陆性半干旱气候。气温垂直分布明显,小区域气候复杂多变,常有干旱、冰雹、洪涝、霜冻、风雪等自然灾害发生。

试验区设在天祝县的二道墩牧草试验站,东西长 40 km,南北宽 20 km,北高南低,地势开阔平坦,海拔 2 800 m。年平均气温 3.8 ℃,年平均降水量 266.8 mm,年平均蒸发量 1 307.8 mm。土壤类型为滩地浅栗钙土,土壤密度为 1.51 g/cm³,田间持水量为 9.08%(占干土质量),饱和含水率为 17.68%(占干土质量)。试验牧草品种为披碱草和燕麦,灌溉方式为喷灌。

2. 披碱草和燕麦需水量与需水规律

根据水利部牧区水利科学研究所承担完成"农业科技成果转化资金项目"的成果,确定喷灌条件下燕麦和披碱草需水量和需水规律。详见表 6-22。

表 6-22 喷灌条件下披碱草和燕麦需水量与需水规律

作物名称	需水量指标	生育期					全生育期合计/平均
		返青(苗期)—分蘖	分蘖—拔节	拔节—抽穗	抽穗—开花	开花—收获	
披碱草	时段(月/日)	5/1~6/7	6/8~7/5	7/6~8/6	8/7~8/26	8/27~9/10	5/1~9/10
	需水量(mm)	87.8	122.5	78.1	63.0	29.3	380.7
	需水强度(mm/d)	2.31	4.38	2.44	3.15	1.95	2.86
	需水模数	21.0%	31.5%	24.3%	15.2%	8.0%	100%
燕麦	时段(月/日)	5/24~6/15	6/16~6/30	7/1~7/20	7/21~8/6	8/7~8/24	5/24~8/24
	需水量(mm)	66.3	89.3	99.4	61.8	43.1	359.9
	需水强度(mm/d)	2.88	5.95	4.98	3.64	2.53	3.91
	需水模数	18.2%	24.3%	30.8%	22.5%	4.2%	100%

从表 6-22 可知:披碱草的全生育期需水量为 380.7 mm,需水强度在 1.95~4.38 mm/d 之间变动,最大为 4.38 mm/d,其需水模数以分蘖—拔节为最大,占全生育期的 31.5%,是披碱草需水关键期;燕麦的全生育期需水量为 359.9 mm,需水强度在 2.53~5.95 mm/d 之间变动,最大为 5.95 mm/d,其需水模数以拔节—抽穗为最大,占全生育期的 30.8%,是燕麦需水关键期。

6.1.15 民勤县

1. 研究区概况

民勤县年平均降水量 110 mm,蒸发量为 2 600 mm。日照时数年均 3 028 h,平均气温 7.6 ℃,大于 10 ℃的积温为 3 036.4 ℃。受人类活动和气候变化的影响,近 20 年来,随着绿洲边缘沙生植被的大量死亡,受西北巴丹吉林沙漠和西南腾格里沙漠的影响,民勤绿洲除西南外周围几乎被沙漠覆盖,极大地强化了内陆干旱荒漠气候。

试验区设在甘肃省民勤县农业技术推广中心农场内,位于甘肃省河西内陆河流域东端,是石羊河流域最下游的大型井渠混灌区。东西北三面环沙,处于巴丹吉林和腾格里两大沙漠的包围之中,是一个典型的"沙海孤岛",属于干旱地区,气候干燥,降水量少,蒸发强烈,昼夜温差大,日照时间长。试验区多年平均降水量 111.5 mm,且多为 5 mm 以下的无效降水。7～9 月的降水占全年降水的 60%,多年平均年蒸发量 2 644 mm,日照时数 3 028 h,平均气温 7.8 ℃,极端最高气温 39.5 ℃,极端最低气温 −27.3 ℃。1 m 土层内土质均为砂质壤土,土壤平均密度 1.5 g/cm³,田间持水量为 31.8%～36.2%(土壤体积含水量),凋萎系数为 7.65%。土壤养分含量差异较小,有机质含量中等,全氮含量 0.055%,速效磷平均含量 175 mg/kg,速效钾为 150～200 mg/kg。作物生育期利用地下水灌溉,地下水位埋深大于 30 m。

2. 紫花苜蓿畦灌需水量与需水规律

根据西北农林科技大学研究成果,确定紫花苜蓿畦灌需水量与需水规律,见表 6-23。

表 6-23 畦灌条件下紫花苜蓿需水量与需水规律

作物名称	第一茬			第二茬			第三茬		
	需水量 (mm)	需水强度 (mm/d)	需水模数	需水量 (mm)	需水强度 (mm/d)	需水模数	需水量 (mm)	需水强度 (mm/d)	需水模数
紫花苜蓿	380.2	5.35	55.4%	166.3	4.16	24.2%	140.4	2.55	20.44%

从表 6-23 中可知,紫花苜蓿全生育期需水量为 686.9 mm,需水强度为 4.02 mm/d。

6.1.16 沽源县

1. 研究区概况

沽源县位于河北省张家口市,地处内蒙古锡林郭勒草原南缘,总面积 3 654 km²,属温带大陆性草原气候。年平均气温 1.4 ℃,7 月份平均气温 17.9 ℃,年日照时数最长 3 246 h,最短 2 616 h,年降水量 426 mm,无霜期为 117 d。6～8 月降水量占年降水量的 53%,水热同期性较好,对牧草生长发育有利。

试验区位于河北省沽源县北部坝上高原,属典型欧亚大陆草原,平均海拔 1 400 m。地理坐标东经 115°39′48″,北纬 41°45′57″。年均气温 1.4 ℃,≥10 ℃积温 1 513.1 ℃;最冷月为 1 月,平均气温 −18.6 ℃;最热月为 7 月,平均气温 17.6 ℃,无霜期 100 d 左右。年平均降水量 400 mm,主要集中在 7～9 月份,占全年降水的 79%;年蒸发量 1 785～2 300 mm,是降水的 4～5 倍。年平均风速 4.3 m/s,大风日数 49 d,沙尘暴日数 10～25 d,年均日照时数 2 930.9 h。试验牧草品种为紫花苜蓿，灌溉方式为畦灌。

2. 紫花苜蓿需水量和需水规律

根据中国农业大学承担完成的项目成果，确定畦灌条件下紫花苜蓿需水量和需水规律，见表6-24。

表6-24 紫花苜蓿不同茬次的需水量和需水强度

茬次(生长周期)	第一茬	第二茬	第三茬	第一~三茬
需水量(mm)	243	134	184	561
需水强度(mm/d)	3.9	4.5	3.5	3.97

从表6-24中可知：紫花苜蓿在3次刈割的条件下，整个生长季的灌水量为288 mm，整个生长季的需水量为561 mm，这在孙洪仁总结的世界紫花苜蓿需水量范围400~2 250 mm中偏低。表6-24中，紫花苜蓿第一、第二和第三茬需水强度分别为3.9 mm/d、4.5 mm/d和3.5 mm/d，整个生长季节的平均需水强度3.97 mm/d。

6.1.17 张北县

1. 研究区概况

张北县位于河北省西北部，内蒙古高原的南缘，地处北纬40°57′~41°34′，东经114°10′~115°27′之间。境域东西109 km，南北67 km。南部和西南部为内蒙古高原边缘，俗称"坝头"，海拔1 600~1 800 m；东南部与崇礼县交界，桦皮岭为张北县最高点，海拔2 128 m；北、中部地势平坦，向西北渐低，安固里淖为最低点，海拔1 300 m。张北县属中温带大陆性季风气候，年平均气温3.2 ℃。年降水量300 mm左右。张北县是河北省日照条件最好的县之一，年平均日照时数2 897.8 h，年平均7级以上大风日数30 d左右。试验品种为莜麦（学名裸燕麦），灌溉方式地面灌溉。

2. 莜麦需水量和需水规律

根据张家口师专相关研究成果，确定莜麦在畦灌条件下的需水量和需水规律，见表6-25。

表6-25 畦灌条件下莜麦（裸燕麦）需水量与需水规律

指 标	生育期				全生育期合计/平均
	苗期—拔节	拔节—孕穗	孕穗—灌浆	灌浆—成熟	
时段(月/日)	6/3~7/6	7/7~7/22	7/23~8/18	8/19~9/12	6/3~9/12
需水量(mm)	87.38	95.20	96.12	69.75	348.5
需水强度(mm/d)	2.57	5.95	3.56	2.79	3.42

6.2 新疆牧区

6.2.1 尼勒克县

1. 研究区概况

尼勒克县位于伊犁谷地以北,地理坐标东经 81°57′~84°57′,北纬 43°25′~44°15′,总土地面积 10 121 km²,属湿润大陆性中温带气候。年平均气温 5.6 ℃,全年无霜期 124 d。年降水量东多西少,山区多于平原,降雨多于降雪。降水集中在 5~7 月,12 月至第二年 1~2 月份降水最少。多年平均降水量 460 mm,平均蒸发量 1 471.6 mm,月平均蒸发量 26.3~217.4 mm,蒸发量最小出现在 12 月到来年 1 月份,最大值出现在 8 月份,相对湿度 63%~76%。尼勒克县土壤主要为山地森林土、山地黑钙土、栗钙土、灰钙土、黑钙土等。地表植被以蒿类建群种为多。

试验区种植饲料玉米,灌溉形式为畦灌。

2. 饲料玉米需水量与需水规律

根据水利部牧区水利科学研究所承担完成的项目成果,确定畦灌条件下饲料玉米需水量和需水规律,见表 6-26。

表 6-26 畦灌条件下饲料玉米不同生育阶段需水量

生育阶段	播种—出苗		出苗—拔节		拔节—抽穗		抽穗—成熟			全生育期
时间 (月/日)	4/20~5/20		5/21~6/25		6/26~7/25		7/26~9/15			4/20~ 9/15
	4/20~ 4/30	5/1~ 5/20	5/21~ 5/31	6/1~ 6/25	6/26~ 6/30	7/1~ 7/25	7/26~ 7/30	8/1~ 8/30	9/1~ 9/15	
需水强度 (mm/d)	1.73	1.84	2.96	2.82	2.75	2.69	1.82	1.82	1.62	2.23
阶段需水 量(mm)	17.3	36.8	32.6	75.5	18.8	67.3	9.8	64.7	34.4	377.0
	54.1		126.8		97.1		99.1			

从表 6-26 中可知,饲料玉米全生育期需水量为 377.0 mm,其中拔节期需水量最大为 126.8 mm,占全生育期的 33.6%;抽穗和成熟期次之,分别为 97.1 mm 和 99.1 mm;苗期最小为 54.1 mm,占全生育期 14.4%。

6.2.2 石河子市

1. 研究区概况

新疆石河子市高温少雨,光照强烈,为典型的干旱荒漠区。试验区地理位置北纬 44°51′,东经 85°15′,年均气温 7.1 ℃,年平均降水量为 148.4 mm,历年平均日照时数为 2 786.1 h,年平均无霜期为 166 d,属典型的内陆性荒漠化气候区。灌溉水源为地下水,地下水位埋深 3.0 m 左右,0~80 cm 土壤密度 1.48 g/cm³,田间持水量 20.6%。试验牧草品种为紫花苜蓿,灌溉方式为地埋滴灌。

2. 紫花苜蓿需水量和需水规律

根据新疆牧区水利规划总站完成的项目成果,确定地埋滴灌条件下紫花苜蓿需水量和需水规律,详见表 6-27。

表 6-27　紫花苜蓿不同处理不同茬次需水量和需水量强度

年份	时段	天数 (d)	降水量 (mm)	Ⅰ			Ⅱ			CK(畦灌)		
				需水强度 (mm/d)	阶段需水量 (mm)	阶段灌水量 (mm)	需水强度 (mm/d)	阶段需水量 (mm)	阶段灌水量 (mm)	需水强度 (mm/d)	阶段需水量 (mm)	阶段灌水量 (mm)
2003 年	第一茬	78	34.6	4.1	302.9	268.3	4.3	321.2	286.6	4.8	359.1	324.5
	第二茬	53	20.8	4.8	251.9	231.1	5.0	262.3	241.5	5.2	271.3	250.5
	冬前	35	21.4	3.0	103.9	82.5	2.9	102.3	80.9	2.8	96.5	75.1
	生育期	166	76.8	4.1	658.7	581.9	4.2	685.8	609.0	4.5	726.9	650.1
2004 年	第一茬	36	21.9	2.6	100.2	78.3	2.5	92.7	70.8	3.2	119.7	97.8
	第二茬	66	113	6.5	394.0	280.7	6.9	424.6	311.3	7.5	461.5	348.2
	第三茬	31	11.9	2.9	89.0	77.1	3.0	92.3	80.3	3.2	98.3	86.4
	冬前	31	18.1	1.3	40.3	22.2	1.5	46.5	28.4	1.7	52.7	34.6
	生育期	164	165.2	4.5	623.5	458.3	4.7	656.0	490.8	5.2	732.2	567.0
平均		165.0	121.0	4.3	641.1	520.1	4.5	670.9	549.9	4.9	729.6	608.6

地埋滴灌条件:播种第一年,可刈割 2 次,总耗水量 672.2 mm。第二年及以后,每一生长季可刈割 3 次,整个生长季的耗水量为 656.0 mm,两年平均耗水量为 664.1 mm。

畦灌条件:播种第一年,可刈割 2 次,总耗水量 726.9 mm。第二年及以后,每一生长季可刈割 3 次,整个生长季的耗水量为 729.6 mm。

6.2.3 福海县

1. 研究区概况

福海县地处阿勒泰山南麓与准噶尔盆地北缘地带,地理坐标为东经 87°00′~89°04′,北纬 45°00′~48°10′,总土地面积 33 319.38 km²。

试验区位于阿勒泰地区福海县喀拉玛盖乡哈拉霍英水库下游灌区,地理坐标东经 87°40′15″、北纬 46°47′26″,地面海拔高度 505 m。年太阳总辐射量 546.7 kJ/cm²,日照时数 2 881 h。项目区多年平均气温 3.4 ℃,≥10 ℃积温 2 904.9 ℃,无霜期 147 d。年蒸发量 1 830 mm,年降水量 112.7 mm,土壤为砂质壤土。试验牧草品种为紫花苜蓿,灌溉方式为畦灌和地埋滴灌。

2. 紫花苜蓿需水量与需水规律

根据水利部牧区水利科学研究所承担完成的项目成果,确定畦灌和地埋滴灌条件下紫花苜蓿需水量和需水规律。

(1)畦灌

根据项目成果得出畦灌条件下紫花苜蓿需水量,见表 6-28。

表 6-28　畦灌条件下紫花苜蓿各生育期阶段需水量　　　　（单位:mm）

第一茬			第二茬			全生育期
返青—分枝期	分枝—孕蕾期	孕蕾—开花期	返青—分枝期	分枝—孕蕾期	孕蕾—开花期	
43.8	140.7	92.8	48.9	164.7	139.6	630.5

由表 6-28 中可知,从各生长阶段需水量来看,紫花苜蓿在分枝—孕蕾期需水量最大:第一茬为 140.7 mm,第二茬为 164.7 mm,分别占各茬生育期需水量的 50.7% 和 46.6%。这表明在分枝—孕蕾期的需水量约占整个生长期需水量的一半。

需水强度及需水模数见表 6-29。

表 6-29　畦灌条件下紫花苜蓿各生育期需水强度和需水模数

生育阶段	第一茬			第二茬		
	返青—分枝期	分枝—孕蕾期	孕蕾—开花期	返青—分枝期	分枝—孕蕾期	孕蕾—开花期
需水强度(mm/d)	1.99	7.04	6.19	2.71	6.59	6.28
需水模数	7.0%	22.3%	14.7%	7.8%	26.1%	22.1%

从表 6-29 中可知,紫花苜蓿在整个生长季内需水量和需水模数呈现双抛物线的变化趋势,在每茬生育期内出现先由低到高、再由高到低的变化趋势。需水强度、需水模数在生育期内呈现 2 个峰值,均出现在分枝—孕蕾期。

(2)地埋滴灌

根据项目成果得出滴灌条件下紫花苜蓿需水量,见表 6-30。

表 6-30　地埋滴灌条件下紫花苜蓿各生育期阶段需水量　　　　（单位:mm）

第一茬			第二茬			全生育期
返青—分枝期	分枝—孕蕾期	孕蕾—开花期	返青—分枝期	分枝—孕蕾期	孕蕾—开花期	
28.9	119.9	80.6	27.3	140.7	116.5	513.9

从表 6-30 中可以看出,从各生长阶段需水量来看,紫花苜蓿在分枝—孕蕾期需水量最大:第一茬为 119.9 mm,第二茬为 140.7 mm,分别占各茬生育期需水量的 51.8% 和 57.8%。表明在分枝—孕蕾期的需水量约占整个生长期需水量的一半。

需水强度及需水模数见表 6-31。

表 6-31　地埋滴灌紫花苜蓿各生育期阶段需水强度和需水模数

生育阶段	第一茬			第二茬		
	返青—分枝期	分枝—孕蕾期	孕蕾—开花期	返青—分枝期	分枝—孕蕾期	孕蕾—开花期
需水强度(mm/d)	1.31	5.49	5.37	1.52	5.63	5.41
需水模数	5.62%	23.33%	15.68%	5.32%	27.39%	22.66%

从表 6-31 中可知,紫花苜蓿在整个生长季内需水量和需水模数呈现双抛物线的变化趋势,在每茬生育期内出现先由低到高、再由高到低的变化趋势。需水强度、需水模数在生育期内呈现 2 个峰值,均出现在分枝—孕蕾期。

6.2.4 农十师

1. 研究区概况

研究区位于新疆北屯农十师。试验区为荒漠戈壁,气候干燥、少雨,年降水量 120 mm,年蒸发量 1 910 mm,作物生长主要依靠引水灌溉。试验区土壤为砂质壤土,地下水位 1.8 m 以下,土壤密度为 1.56 g/cm^3,田间持水量为 14.5%。试验区占地 0.1 hm^2,其中试验田 0.08 hm^2,分成 12 块小的试验田;对照区 0.02 hm^2。试验田灌水方式为畦灌,试验区人工牧草为紫花苜蓿。

2. 紫花苜蓿需水量和需水规律

根据新疆生产建设兵团农十师勘测设计院承担完成的项目成果,确定畦灌条件下紫花苜蓿需水量和需水规律,见表 6-32。

表 6-32 紫花苜蓿各生育阶段需水量

茬次	生育期	起止日期(月/日)	需水量(mm)	需水模系数	需水强度(mm/d)
第一茬	返青期	4/15～4/30	43.7	5.4%	2.73
	分枝期	5/1～5/25	129.5	16.1%	4.98
	开花—刈割期	5/26～6/9	95.5	11.9%	6.82
第二茬	返青期	6/10～6/19	67.4	8.4%	6.74
	分枝期	6/20～7/6	122.4	15.2%	7.20
	开花—刈割期	7/07～7/15	49.1	6.1%	5.46
第三茬	返青期	7/16～7/26	58.2	7.5%	5.29
	分枝期	7/27～8/21	164.1	20.4%	6.31
	开花—刈割期	8/22～9/4	74.2	9.2%	5.30
全生育期		143 d	804.1	100%	5.62

从表 6-32 中可知,在紫花苜蓿的整个生育过程中,第一茬、第二茬、第三茬的生育周期分别是 56 d、36 d、51 d,第一茬的生育周期最长,第三茬次之,第二茬最短。然而第三茬的需水量却最大,为 296.5 mm,耗水强度达到 5.81 mm/d。紫花苜蓿在各个生育阶段中以分枝期的耗水量最大,在这一阶段,紫花苜蓿的枝叶生长最为旺盛,需要大量的水进行光合作用,是紫花苜蓿每一茬生育期的关键灌水期。

紫花苜蓿是一种根系发达、枝叶茂盛的牧草,其植株蒸腾量大,整个生长期耗水量多。紫花苜蓿在幼苗期生长较为缓慢,植株蒸发较弱,耗水量较小;在分枝期,植株蒸腾最强,需要大量水进行光合作用,合成干物质,此时期枝叶生长也最快。进入开花—成熟期后,紫花苜蓿生长速度变缓,蒸腾量变小,耗水量也相应减少。紫花苜蓿在每一个生育期内,其耗水量呈一抛物线形,中间大、两头小。

6.2.5 伊吾县

1. 研究区概况

伊吾县隶属于哈密市,地处新疆东北部,天山北麓东段,东经 93°35′~96°23′,北纬 42°54′~44°29′,总面积 19 519 km²。属温带大陆性干旱荒漠气候,干旱多风,冬冷夏热,年平均大风日 80~100 d。最高气温 43.5 ℃,最低气温−40 ℃。年平均降水量 100 mm,年平均蒸发量 2 300 mm,无霜期 90~110 d。结合资料收集和牧区示范项目监测实际进行了喷灌条件下紫花苜蓿需水量研究。

2. 紫花苜蓿需水量和需水规律

根据水利部牧区水利科学研究所承担完成的项目成果,确定喷灌条件下紫花苜蓿需水量和需水规律,见表 6-33。

表 6-33 喷灌条件下紫花苜蓿需水量

生育阶段	第一茬			第二茬			生育期
	返青	分枝	现蕾	返青	分枝	现蕾	
时间(月/日)	5/1~5/30	5/31~6/19	6/20~7/4	7/5~7/19	7/20~8/3	8/4~8/28	5/1~8/28
天数(d)	30	20	15	15	15	25	120
需水量(mm)	61.8	83.5	79.4	83.4	87.1	75.5	470.7
茬次需水量(mm)	224.7			246.0			470.7
需水强度(mm/d)	2.1	4.2	5.3	5.6	5.8	3.0	3.9

在喷灌条件下两茬紫花苜蓿的需水量分别为 224.7 mm 和 246.0 mm,需水量主要靠灌溉来补给,灌水量为 423.3 mm。在紫花苜蓿整个生长发育期内,需水量变化规律是由小到大,再由大到小。紫花苜蓿第一茬生育阶段需水量为 61.8 mm、83.5 mm、79.4 mm,第二茬生育阶段需水量为 83.4 mm、87.1 m、75.5 mm。需水强度平均为 3.9 mm/d,需水强度最大在第二茬的分枝期,为 5.8 mm/d,需水强度最小阶段为第一茬返青期,为 2.1 mm/d。

6.2.6 哈密市

1. 研究区概况

哈密市除山区外其他区域年最大气温日较差 26.7 ℃,年均降水量 47.5 mm,年蒸发量 2 712.6 mm。年均气温 10 ℃,1 月平均气温−16 ℃,7 月平均气温 30 ℃。日照时数为 3 303~3 549 h,年均日照时数为 3 358 h。

研究区位于哈密市东郊和巴里坤县,主要气候特征:干燥少雨,光照丰富,年、日温差大,春季多风,夏季酷热,秋季温暖,冬季寒冷。研究区土壤为黑钙土,土质为砂质壤土。其中,巴里坤属大陆性冷凉干旱气候区,年平均气温 1 ℃,极端最高气温 42 ℃,最低气温−43.6 ℃;无霜期 98~104 d,年降水量 202~250 mm,年蒸发量 1 622 mm,日照时数 2 858~3 373.4 h。

2. 紫花苜蓿需水量和需水规律

根据水利部牧区水利科学研究所承担完成的项目成果,确定喷灌条件下紫花苜蓿需水量和需水规律。

哈密东郊草场5～9月累积积温3 626.9 ℃,降水量18.9 mm,无大于10 mm有效降水,降水日数8 d,蒸发量1 900.4 mm,全年灌水22次,每亩灌水量721.6 m³。平均每5～7 d喷灌1次,砂质壤土中由于小砾石较多,保水性差。含水率观测通常在灌溉后第二天进行,经观测分析,灌溉后第二天土壤含水率一般在18%左右,但到第五天含水率基本降到5%左右,接近或达到紫花苜蓿生长所需土壤含水率的下限,灌水周期确定为5～7 d较为合适。从含水率在不同月份的变化看,7～8月高温时期,蒸发量大,5～7 d土壤含水率可降到4%左右,此时灌水周期5 d较为合适。由此可得出,当地在紫花苜蓿刈割4次的情况下,其需水量约为1 082 mm。

巴里坤县奎苏镇,年降水量136.7 mm,降水日数27 d,大于10 mm有效降水3次,蒸发量987.2 mm。从降雨情况分析,巴里坤县在8月前基本无有效降水,旱情严重。在刈割1次的情况下,需灌水4次,灌水量168 m³/亩,约252 mm。从土壤含水率分析,虽然只灌4次,但由于土壤含水率维持在8%～10%,所以紫花苜蓿仍有一定的产量。据此分析,如满足刈割4次生长需要,其需水量应在1 000 mm以上。

6.3 青藏高原牧区

青藏高原牧区是我国重要的国家安全屏障和生态安全屏障。青藏高原地处我国五大牧区之一,草原牧区是区域现代草业形成和发展的基本依托,承载着发展经济、保护生态、传承历史文化的重任,对社会进步和环境保护起着至关重要的作用。与内蒙古、新疆等牧区相比,由于特殊的自然地理环境,西藏牧区水利基础设施总体滞后的局面尚未得到根本改变。牧区水利科技基础薄弱,灌溉人工草地发展面临的灌溉基础理论和应用技术研究几乎空白,今后大面积发展缺乏有效的理论与技术支撑,亟待加强。

6.3.1 拉萨地区

1. 研究区概况

拉萨市位于西藏自治区中部,东经91°06′,北纬29°36′,平均海拔3 650 m,属高原温带半干旱季风气候。年平均气温7.4 ℃,年降水量为300～510 mm,集中在6～9月份,多夜雨。年日照时数3 000 h以上,太阳辐射强,昼夜温差大,年无霜期100～120 d。

试验点位于拉萨市西郊的国家级农业示范园区西藏现代农业示范园区内。采用田间小区对比试验,主要供试作物为燕麦,品种为丹麦444,青稞、燕麦播种量均为12.5 kg/亩,播种方式采用条播,行距25 cm,灌水方式为地面灌溉。为防止地面灌溉串水和小区间地下水侧向渗漏,每一处理间设保护隔离小区,隔离区宽为1 m。

2. 燕麦、青稞需水量和需水规律

根据水利部牧区水利科学研究所承担完成"西藏地区灌溉饲草料地节水丰产集成模式研究"和"西藏高寒牧区灌溉人工草地节水高产综合技术研究"的项目成果,确定拉萨地区畦灌条件下青稞、燕麦需水量和需水规律。

拉萨地区燕麦一般4月下旬播种,不出现倒伏时,8月中旬收获,出现大面积倒伏时8月

上旬收获。从表 6-34 中可以看出：拉萨地区饲草燕麦全生育生长天数 120 d，全生育期需水量 564 mm；拔节期日需水强度明显高于其他生育期，平均可达 6.53 mm/d；拉萨地区燕麦拔节期株高可生长至 1.5~1.8 m，抽雄期需水强度也达到 5.18 mm/d，与由此可见燕麦需水关键期为拔节期与抽雄期。

表 6-34 拉萨地区燕麦需水规律

生 育 期	生长天数(d)	需水强度(mm/d)	需水模数	需水量(mm)
播种—出苗	11	1.62	3.16%	17.8
苗期	18	3.40	10.87%	61.3
拔节期	28	6.53	32.46%	183.0
抽雄期	24	5.18	22.06%	124.4
灌浆期	39	4.55	31.48%	177.5
全生育期	120	4.5	100%	564

拉萨地区青稞一般 4 月下旬播种，不出现倒伏时，8 月上旬收获，出现大面积倒伏时 7 月下旬收获。从表 6-35 中可以看出：拉萨地区青稞全生育生长天数 110 d，全生育期需水量 462.4 mm；其生长季较燕麦稍短，抽雄期日需水强度明显高于其他生育期，平均可达 6.06 mm/d，同时抽雄期基本处于拉萨地区降雨最多的时期，此时基本不需要灌溉；拔节期需水强度也达到 4.58 mm/d，青稞拔节期株高可达 1.2~1.4 m，由此可见青稞需水关键期为拔节期与抽雄期。

表 6-35 拉萨地区青稞需水规律

生 育 期	生长天数(d)	需水强度(mm/d)	需水模数	需水量(mm)
播种—出苗	11	1.14	2.70%	12.5
苗期	18	2.96	11.53%	53.3
拔节期	28	4.58	27.77%	128.4
抽雄期	24	6.06	31.47%	145.5
灌浆期	29	4.23	26.54%	122.7
全生育期	110	4.2	100%	462.4

6.3.2 当雄地区

1. 研究区概况

当雄县位于西藏自治区中部稍偏北，藏南与藏北的交界地带，东经 91°24′，北纬 29°48′，距离拉萨市 170 km，平均海拔 4 250 m，属高原寒温带半干旱季风气候，气候干燥、寒冷、多风。多降水量 250~480 mm，集中在 6~9 月份；年均温度 1.3 ℃，年日照时数 2 880 h，光照充足，昼夜温差大。当雄县属纯牧业县，可利用草地面积 1 050 万亩，牧民以天然放牧牦牛为主，少量饲养绵羊、山羊、马。燕麦是优良的一年生饲草作物，无论是作为精料、青饲料还是调剂干草，都具有丰富的营养物质和良好的适口性。燕麦在西藏高寒牧区的自然环境条件下有着独特的适应能力，具有耐寒、产草量高、品质好、抗逆性强的特点。自 2004 年在西藏成功引种以来，受到牧民广泛欢迎，播种面积超过 20 万亩，已成为当前西藏牧区枯草季节的主要饲草来源。青稞是青藏高原重要的传统农作物之一,种植面积占粮食播种面积的60%,占粮食总产量的55%以上,是藏区的主要粮食来源。由于适应性强,种植面积大,麦秆可食,目前也是西藏牧区枯草季节的主要饲草之一。

试验区位于当雄县草原站内,距当雄县政府所在地当曲卡镇3 km。研究采用田间小区对比试验,主要供试作物为青稞(青引2号)和燕麦(丹麦444)。试验采用地面灌溉,播种量青稞为22 kg/亩,燕麦为25 kg/亩;播种方式采用条播,行距20 cm。为防止地面灌溉串水和小区间地下水侧向渗漏,每一处理间设保护隔离小区,隔离区宽为1 m。

2. 燕麦、青稞需水量和需水规律

根据水利部牧区水利科学研究所承担完成"西藏地区灌溉饲草料地节水丰产集成模式研究"和"西藏高寒牧区灌溉人工草地节水高产综合技术研究"的项目成果,确定当雄地区畦灌条件下青稞、燕麦需水量、需水规律。

当雄地区燕麦一般5月下旬播种,9月下旬或10月上旬收获。从表6-36中可以看出:当雄地区饲草燕麦全生育生长天数111 d,全生育期需水量485.2 mm;拔节期日需水强度明显高于其他生育期,平均可达5.34 mm/d;当雄地区燕麦拔节期株高可生长至1.2~1.5 m,较拉萨地区株高明显偏低,抽雄期需水强度达到4.98 mm/d,由此可见当雄地区燕麦需水关键期为拔节期与抽雄期。抽雄期多年平均降雨往往多于拔节期,所以灌水关键期一般年份多为拔节期。

表6-36 当雄地区燕麦需水规律

生育期	生长天数(d)	需水强度(mm/d)	需水模数	需水量(mm)
播种—出苗	14	2.98	8.56%	42.3
苗期	24	4.12	20.18%	98.1
拔节期	24	5.34	26.04%	126.2
抽雄期	26	4.98	26.14%	126.4
灌浆期	23	4.10	19.08%	91.2
全生育期	111	4.30	100%	485.2

当雄地区青稞一般5月下旬或6月上旬播种,9月下旬或10月上旬收获。从表6-37中可以看出:当雄地区青稞全生育生长天数95 d,全生育期需水量444.9 mm,其生长季较燕麦稍短;拔节期日需水强度明显高于其他生育期,平均可达6.13 mm/d,青稞拔节期株高可达1.2~1.4 m,与拉萨地区株高相差不多,但产量略微偏低;当雄地区青稞灌水关键期同样为拔节期。抽雄期需水强度也达到5.56 mm/d,抽雄期、灌浆期基本处于当雄地区降雨最多的时期,如果不是干旱年份基本不需要额外灌溉。

表6-37 当雄地区青稞需水规律

生育期	生长天数(d)	需水强度(mm/d)	需水模数	需水量(mm)
播种—出苗	17	2.76	10.41%	45.8
苗期	16	4.69	16.78%	75.1

续上表

生 育 期	生长天数(d)	需水强度(mm/d)	需水模数	需水量(mm)
拔节期	14	6.13	18.64%	83.3
抽雄期	21	5.56	25.47%	112.8
灌浆期	27	4.72	28.7%	127.9
全生育期	95	4.68	100%	444.9

6.3.3 都兰县

1. 基本情况

都兰县位于青海省海西蒙古族藏族自治州东南部,总面积 4.527 万 km²。都兰县地处柴达木盆地东南隅,全境可分为汗布达山区和柴达木盆地平原两种地貌类型。戈壁、沙漠、谷地、河湖、丘陵、高原、山地等地形依次分布。境内有沙柳河、托索河、察汗乌苏河等大小河流 40 多条。都兰县属高原干旱大陆性气候,年均气温 2.7 ℃,最低极端气温为 −29.8 ℃,最高极端温度达 33 ℃;都兰县西部干旱少雨,日照充足,东部气候温凉,昼夜温差大。年平均气温 1.4~5.1 ℃,年均降水量 179.1 mm,蒸发量 1 358~1 765 mm,年日照时数 2 903.9~3 252.5 h。

2. 燕麦需水量试验成果

根据 2012 年苏旭等人发表的《柴达木盆地莜麦灌溉分析》研究成果:青莜一号是目前青海省唯一正式通过审定的燕麦(也称莜麦)优良品种,生育期约 100 d;燕麦全生育期的需水量为 245.0 mm(都兰县试验区成果)。

7 全国牧区灌溉人工牧草综合节水技术

通过分析、评价、归纳、总结,提炼关键技术及主要定量化的技术指标与参数,提出全国牧区典型人工牧草综合节水技术模式。筛选出在大型喷灌、固定式喷灌、卷盘式喷灌和地埋滴灌条件下适宜的灌水技术、农艺农机化配套技术、现代管理技术,进行优化组合与相互配套,形成统一的、规范化标准化的生产作业模式,建立统一的灌溉制度、水肥一体化和运行管理等关键技术。

7.1 内蒙古及周边牧区

7.1.1 内蒙古东部草甸草原——中心支轴式喷灌青贮玉米

根据已有的研究成果,总结提出了适宜于内蒙古东部草甸草原青贮玉米中心支轴式喷灌综合节水技术模式。包括适宜的灌水技术参数、农艺农机化配套技术、管理技术,进行优化组合与相互配套,形成统一的、规范化标准化的作业模式:中心支轴式喷灌技术+青贮玉米农艺技术+农机技术+管理技术。

1. 播前准备

选地时应统筹考虑当地实际条件,合理选地,注意倒茬;对土地进行深耕犁地(耕深可控制在20~25 cm)之后,根据土壤肥力状况,结合旋耕机施入一定优质厩肥和氮、磷、钾肥作为基肥,最后耙糖确保土地尽可能平整。

青贮玉米适播期一般为5月底6月初,播种时利用精量播种机将播种、施肥一并完成。种植采用等行距种植,行距60 cm,株距20~30 cm,理论株数可控制在4 000~5 500株/亩。

2. 节水灌溉技术

利用青贮玉米各生育阶段的需水量、有效降雨量等数据,考虑干旱年和一般水平年,确定草甸草原地区青贮玉米中心支轴式喷灌推荐的灌溉制度。

(1)一般年份($P=50\%$)

青贮玉米全生育期灌水6次,合计灌水247.5 mm(165 m³/亩)。其中5月底播种—苗期灌水1次,灌水量45 mm(30 m³/亩);在6月中旬、7月中旬拔节期—抽雄期灌水2次,每次灌水量为37.5 mm(25 m³/亩);7月下旬抽雄期—开花期灌水1次,灌水量为45 mm(30 m³/亩);8月上中旬开花期—吐丝期灌水1次,灌水量为45 mm(30 m³/亩);8月下旬初熟期灌水1次,灌水量为37.5 mm(25 m³/亩)。

(2)干旱年($P=75\%$)

青贮玉米全生育期灌水6次,合计灌水270 mm(180 m³/亩)。其中5月底播种—苗期灌水1次,灌水量45 mm(30 m³/亩);在6月中旬、7月中旬拔节期—抽雄期灌水2次,每次灌水量为 45 mm(30 m³/亩);7 月下旬抽雄期—开花期灌水 1 次,灌水量为 45 mm(30 m³/亩);8 月上中旬开花期—吐丝期灌水 1 次,灌水量为 45 mm(30 m³/亩);8 月下旬初熟期灌水 1 次,灌水量为 45 mm(30 m³/亩)。

3. 施肥管理

基肥:基肥一般在播前撒施,随即深翻到根系集中的耕层中。每亩施优质厩肥 1 000～1 500 kg,同时提倡秸秆还田培肥地力。可施尿素 15～20 kg/亩、磷酸二铵 10～15 kg/亩、氯化钾 5～8 kg/亩。

种肥:种肥的作用是补充苗期土壤表层速效养分的不足,满足玉米苗期对养分的需求。另外,注意种肥要与种子分开,以免影响种子的发芽和出苗。种肥用量不宜过大,每亩可施锌肥 1～2 kg,具体种类和数量应根据土壤测试结果确定。

追肥:一般地力较高、基肥充足、植株生长正常的地块,可集中在大喇叭口期一次施肥。地力较差、基肥不足、苗情较弱的地块可在拔节期施肥。青贮玉米追肥分两次施时多采用前轻后重方式。尿素总量控制在 10～15 kg/亩。

全年合计施肥:尿素 25～35 kg/亩,磷酸二铵 10～15 kg/亩,氯化钾 5～8 kg/亩。另外,具体施肥量必须根据土壤测试结果确定。

4. 病虫草害防治

原则上以防为主,综合防治,在管理上要早发现早防治。玉米病害主要有大小叶斑病、锈病、纹枯病等。虫害主要有玉米螟、粘虫、玉米蚜、棉铃虫、小地老虎等。药剂防治上,大小叶斑病、锈病可用 50% 多菌灵 500 倍、纹枯病可用 5% 井冈霉素 500 倍液喷施。玉米螟、粘虫可用 10% 氯氰菊酯 2 000 倍加 Bt 粉 800 倍、玉米蚜可用 20% 康福多 3 000 倍、棉铃虫可用 Bt 粉 800 倍加天力粉剂 800 倍喷杀。

除草主要是结合人工除草进行打除草剂完成。针对中心支轴式喷灌技术,除草技术主要包括:①土壤封闭除草技术。土壤封闭除草技术一直是玉米田除草中采用的主要方法,杂草出土前一次施药即可有效控制玉米整个生育期间的杂草危害。②茎叶喷雾。如阿宝桶混剂是莠去津与宝成组成的玉米田现混现用的苗后一次性除草剂。

5. 适期收割

青贮玉米收割应在果穗长到乳熟后期或蜡熟前期,此时茎叶青绿,籽粒充实,植株中含水分较多,体内营养物质含量最多,不仅青贮产量高,而且质量好。另外,收割完成后要及时保鲜贮藏。

内蒙古东部草甸草原青贮玉米综合节水技术模式如图 7-1 所示。

7.1.2 内蒙古中部典型草原——卷盘式喷灌青贮玉米

根据已有的研究成果,总结提出了适宜于内蒙古中部典型草原青贮玉米卷盘式喷灌条件下的灌水技术、农艺农机化配套技术、现代管理技术,进行优化组合与相互配套,构建内蒙古中部典型草原青贮玉米卷盘式喷灌综合节水技术模式:卷盘式喷灌技术+农艺技术+农机技术+管理技术。

日期		5月			6月			7月			8月			9月			生育期
		上旬	中旬	下旬	上旬	中旬	下旬	上旬	中旬	下旬	上旬	中旬	下旬	上旬	中旬	下旬	
多年平均有效降雨量(mm)						61.0			45.9			69.6			6.8		183.3
需水量(mm)		0.0				129.9			199.1			115.6			22.7		467.4
生育阶段						苗期	分蘖期		拔节期			抽穗期		成熟期			
主攻目标		适期播种，合理种植			完成查苗、补苗与间定苗			抓好施肥、中耕培土、灌水三个关键环节，满足青贮玉米生长肥水需求						掌握收割时期，保证产量和质量			100 d 左右
生育进程		 播种			 苗期			 拔节期			 抽穗期			 成熟期			
灌水技术	一般年	5月底6月初青贮玉米播种成功后，在播种—苗期灌水1次，灌水量45 mm（30 m³），保证出苗率				在6月中旬、7月中旬拔节期—抽穗期灌水2次，每次灌水量为37.5 mm（25 m³/亩）		7月下旬到8月中旬，抽穗期—成熟期之间经历开花、吐丝阶段。其中7月下旬抽穗期—开花期灌水1次，灌水量45 mm（30 m³）；8月上中旬开花期—吐丝期灌水1次，灌水量为45 mm（30 m³）			8月下旬初熟期灌水1次，灌水量为37.5 mm（25 m³/亩）						合计灌水6次；合计灌溉定额247.5 mm（165 m³/亩）
	干旱年	5月底6月初青贮玉米播种成功后，在播种—苗期灌水1次，灌水量45 mm（30 m³），保证出苗率				在6月中旬、7月中旬拔节期—抽穗期灌水2次，每次灌水量45 mm（30 m³/亩）		7月下旬到8月中旬，抽穗期—成熟期之间经历开花、吐丝阶段。其中7月下旬抽穗期—开花期灌水1次，灌水量为45 mm（30 m³/亩）；8月上中旬开花期—吐丝期灌水1次，灌水量为45 mm（30 m³/亩）			8月下旬初熟期灌水1次，灌水量为45 mm（30 m³/亩）						合计灌水6次；合计灌溉定额270 mm（180 m³/亩）
农艺配套技术	施肥技术	基肥：每亩施优质厩肥1 000~1 500 kg，同时提倡秸秆还田培肥地力。可施尿素15~20 kg/亩，磷酸二铵10~15 kg/亩，氯化钾5~8 kg/亩				种肥：每亩可施锌肥1~2 kg/亩，具体种类和数量应根据土壤测试结果确定					追肥：一般地力较高、基肥充足、植株生长正常的地块，可集中在大喇叭口期一次施肥。地力较差、基肥不足、苗情较弱的地块可在拔节期施肥。青贮玉米追肥分两次施肥时多采用前轻后重方式。尿素总量控制在10~15 kg/亩						
	病虫草害防治技术	病虫防治：原则以防为主，综合防治。在管理上要早发现早防治。玉米病害主要有大小叶斑病、锈病、纹枯病等。虫害主要有玉米螟、粘虫、玉米蚜、棉铃虫、小地老虎等。药剂防治上，大小叶斑病、锈病可用50%多菌灵500倍、纹枯病可用5%井冈霉素500倍液喷施。玉米螟、粘虫可用10%氯氰菊酯2 000倍加Bt粉800倍、玉米蚜可用20%康福多3 000倍、棉铃虫可用Bt粉800倍加天力粉剂800倍喷杀															
		除草技术：除草主要是结合人工除草进行打除草剂完成。针对中心支轴式喷灌技术，除草技术主要包括：①土壤封闭除草技术。土壤封闭除草技术一直是玉米田除草中采用的主要方法，杂草出土前一次施药即可有效控制玉米整个生育期间的杂草危害。②茎叶喷雾。如阿宝桶混是莠去津与宝成组成的玉米田现现混用的苗后一次性除草剂，可防除稗草、马唐、牛筋草、狗尾草、野燕麦、野高粱、繁缕、风花菜、鸭跖草、荠菜、马齿苋、猪毛菜、狼把草、野西瓜苗、豚草、苣卖菜、剌儿菜等多种玉米田禾本科杂草和阔叶杂草												 喷洒病虫草害防治剂			
农机配套技术	作业流程	选地整理			合理种植			田间管理						收割贮藏			
	农机器具	 旋耕机和平整机			 复合播种机			 中心支轴式喷灌机与施肥喷药机						 青贮玉米收割机			
	技术要求	犁地耕深控制在20~25 cm；根据土壤肥力状况，结合旋耕机施入基肥。可利用激光平地技术等，耙糖后达到"深、松、碎、平、净、墒"六字标准			采用复合播种机械作业时，将种肥施在种子行两侧，实现播种、施肥一次作业完成。播种深度控制在8~10 cm，播后及时覆土，使土、种紧密接触			中心支轴式喷灌机操作严格按照厂家提供的说明书进行，及时检修，确保设备安全运行。另外，施肥喷药机操作严格遵守农药配比使用说明，防止农药流失，人畜中毒等意外发生						根据实际种植情况，选用适合型号的青贮玉米收割机，并调动装载车卡配合收割，及时将青贮饲料运送贮存点封存起来			
管理技术		①选地最好以排灌方便、地势平坦、土层深厚、结构良好，土壤疏松通透性好、富含有机质、pH值中等、保水保肥能力好、田间道路方便等为基本依据，以便于管理。②选地应选用适于当地种植、经审定推广的抗逆性强、耐密、高产、脂肪和蛋白质含量高优质品种，如英比玉米、豫贮23号和宏博2160等。③播种时可按照等行距种植，行距60 cm，株距20~30 cm，理论株数控制在4 000~5 500株/亩。④出苗后要主要立即进行查苗，缺苗要立即混种或催芽补种。后期造成缺苗要就地移苗补栽，力求达到全苗。在长出3~4叶片时进行间苗，保留大苗、壮苗。长出5~6片叶时定苗，留下与行间垂直的壮苗，使田间通风透光良好。⑤灌溉、施肥、除草等田间管理严格按照制定的制度执行，尽量统一管理。⑥对青贮玉米收割应在果穗长到乳熟后期或蜡熟前期，此时茎叶青绿，籽粒充实，植株中含水分较多，体内营养物质含量最多，不仅青贮产量高，而且质量好。另外，收割切碎一般一次性完成。切碎长度以3~4 cm为宜。从收割玉米植株到切割入窖压实，整个过程应可能的控制在10~15 h完成。切割压实的青贮玉米要立即封顶盖膜贮存。封顶盖膜后的青贮窖要随时检查，以防止青贮玉米腐败变质															

图7-1 内蒙古东部草甸草原青贮玉米综合节水技术模式

1. 节水灌水技术

一般年份（$P=50\%$）青贮玉米全生育期（5月下旬～8月下旬）灌水7次，合计灌水270 mm（180 m³/亩）；干旱年（$P=75\%$）青贮玉米全生育期灌水8次，合计灌水345 mm（230 m³/亩）。

2. 农艺农机配套技术

机械化工艺路线：玉米秸秆灭茬、整地、耙地，耕深18～25 cm，土地平整，达到播种机作业要求；精量播种，一次完成开沟、起垄、播种、施肥、覆土、镇压等作业，播深4～10 cm；按照农艺要求使用卷盘式喷灌机，根据土壤墒情适时灌溉，配合施肥、施药设备进行施肥、施药。农艺要求选择青贮玉米收割机，割茬高度≤15 cm，切段长度1.5～4.0 cm。

3. 管理技术

制定田间的统一管理形式，提早检查喷灌机、水源井、电、耕作机械的完好情况，做好播种灌水准备，适时早播统一进行机械播种。统一进行喷灌浇水，灌水深度一次15 mm（10 m³/亩），灌水时间视土壤墒情和玉米生育期而定。

内蒙古中部典型草原青贮玉米综合节水技术模式如图7-2所示。

7.1.3 内蒙古西部荒漠草原——膜下滴灌饲料玉米

根据已有的研究成果，总结提出了膜下滴灌条件下饲料玉米适宜的灌水技术参数、农艺农机化配套技术、管理技术，进行优化组合与相互配套，形成统一的、规范化标准化的作业模式：膜下滴灌技术＋饲料玉米农艺技术＋农机技术＋管理技术。

1. 播前准备

目前大田推广的品种有科河28、先玉335、西蒙5号、西蒙6号、宁丹10号、布鲁克2号、四单19等早、中、中晚熟玉米品种。种子纯度和净度不低于98%，发芽率不低于90%，含水量不高于14%。地温稳定在12～14 ℃时，抢墒播种。播种在4月20日左右为宜，采用机械播种，铺膜、铺滴灌带、播种一条龙作业。一般膜间距90～100 cm，株距22～25 cm。稀植品种的行距配置，一般膜间距110～120 cm，株距25 cm。田间保苗株数在4 500～6 500株/亩。

2. 节水灌溉技术

利用饲料各生育阶段的需水量、有效降雨量等数据，考虑干旱年和一般水平年，确定荒漠化草原地区饲料玉米膜下滴灌推荐的灌溉制度。

一般年份（$P=50\%$）：饲料玉米全生育期灌水8次，合计灌水215.9～287.9 mm（144～192 m³/亩）。灌水定额26.9～35.9 mm（18～24 m³/亩），其中播种期灌水1次、苗期1次、拔节期1次、大喇叭口期1、抽雄—吐丝期2次、灌浆成熟期2次。

干旱年（$P=75\%$）：饲料玉米全生育期灌水10次，合计灌水269.9.9～359.8 mm（180～240 m³/亩）。灌水定额26.9～35.9 mm（18～24 m³/亩），其中播种期灌水1次、苗期1次、拔节期2次、大喇叭口期2次、抽雄—吐丝期2次、灌浆成熟期2次。

3. 农艺农机配套技术

基肥：有机肥1～2 t/亩。为了减少投入成本，要求磷酸二铵及尿素30 kg/亩（混合比例5∶1）、硫酸钾10 kg/亩、硫酸锌3 kg/亩基施，施碳铵15～20 kg/亩。

图 7-2 内蒙古中部典型草原青贮玉米综合节水技术模式

病虫害防治：主要防治地下害虫、蚜虫、红蜘蛛、叶蝉等；穗期病虫害防治是指玉米从拔节至抽穗开花期的病虫害防治，喷施有针对性的农药剂。花粒期病虫害防治指雄穗开花成熟期病虫害的防治。

除草：对杂草较重的地块，在玉米3～5叶期，可进行化学除草。

收获：9月末到10月初，玉米果穗完熟后收获。采取人工收获，堆放在干净的场地摊晒，晾干后，及时脱粒。机械收获，当玉米成熟后及时进行收获，晾晒。玉米收获后，及时回收滴灌带，耙除地膜，减少土地污染。

4. 管理技术

制定田间的统一管理形式，提早检查水源井、电、耕作机械的完好情况，做好播种灌水准备，统一进行机械播种。统一进行浇水，灌水时间视土壤墒情和饲料玉米生育期而定。

内蒙古西部荒漠化草原饲料玉米综合节水技术模式如图7-3所示。

7.1.4 甘肃省高寒草原——固定式喷灌燕麦

燕麦固定式喷灌综合节水技术主要集成内容包括灌水技术、农艺技术、农机技术和管理技术等，其中灌水技术的主要参数包括喷灌灌溉制度；农艺技术主要包括燕麦高产栽培技术和水肥一体化；农机技术包括播种技术、收割技术等；管理技术主要包括田间管理、设备运行维护和管理统一化。

1. 节水灌溉技术

一般年份：灌水6次，灌水量225 mm（150 m³/亩）。其中：5月下旬灌水1次，灌水量为30 mm（20 m³）；6月中、下旬各灌水1次，灌水量均为45 mm（30 m³）；7月上、下旬各灌水1次，灌水量分别为30 mm（20 m³）和45 mm（30 m³）；8月上旬灌水1次，灌水量30 mm（20 m³）。

干旱年：灌水8次，灌水量270 mm（180 m³）。其中：5月中旬苗期灌水1次，灌水量45 mm（30 m³）；6月上、中、下旬各灌水1次，灌水量均为30 mm（20 m³）；7月上、中、下旬各灌水1次，灌水量均为30 mm（20 m³）；8月上旬灌水1次，灌水量45 mm（30 m³）。

2. 农艺配套技术

（1）施肥技术

基肥：施农家肥30 t/hm²或等效生物有机肥。

种肥：测土配方施肥，施肥量纯氮75 kg/hm²，五氧化二磷90 kg/hm²，氧化钾37.5 kg/hm²，底肥、种肥分施。

追肥：7月上旬拔节期施尿素75～225 kg/hm²；7月下旬抽穗期施磷酸二氢钾3 kg/hm²，兑水1 000倍后在晴天的下午或阴天进行喷施；如果燕麦植株矮小底叶发黄茎秆细弱有倒伏等现象施磷酸二氢钾4.5 kg/hm²，兑水1 000倍后喷施每隔10 d喷施一次，总共喷施2～3次，生长后期特别是抽齐穗后不可施用氮肥，以免推迟成熟期。

（2）病虫害防治

燕麦坚黑穗病可用拌种双、多菌灵或甲基托布津以种子质量0.2%～0.3%的用药量进行拌种；红叶病可用40%的乐果、80%的敌敌畏乳油或50%的辛硫磷乳油2 000～3 000倍液等喷雾灭蚜；粘虫用80%的敌敌畏800～1 000倍液，或80%敌百虫500～800倍液，或20%速灭丁乳油400倍液等喷雾防治；地下害虫可用75%甲拌磷颗粒剂15.0～22.5 kg/hm²，或用50%辛硫磷乳油3.75 kg/hm² 配成毒土，均匀撒在地面，耕翻于土壤中防治。

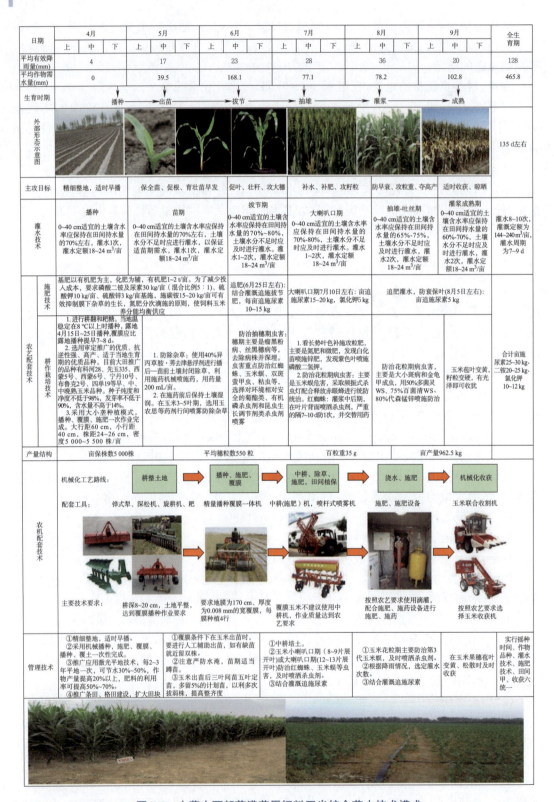

图 7-3 内蒙古西部荒漠草原饲料玉米综合节水技术模式

3. 农机配套技术

应结合施用基肥进行深耕,耕翻深度一般在 20 cm,坡地 15~18 cm,滩地 20~25 cm。播种前晒种 3~4 d;用拌种双或 0.2‰~0.3‰的甲基托布津等拌种;条播行距 15~20 cm,深度以 5~6 cm 为宜,播种量 150~165 kg/hm²,保证苗 375 万~450 万株/hm²。

中耕 3 次:在燕麦 4 叶期、分蘖期和拔节至封垄前进行。病虫害防治根据出现的症状按照相应的用量进行用机械施药;根据燕麦各生育阶段需水量和需肥量要求进行灌溉和施肥。

根据燕麦种植的行距和收获要求合理选用收割机。

4. 管理技术

提早检查喷灌机、水源井、电、耕作机械的完好情况,做好灌水准备;及时中耕、除草、追肥;灌水时间视土壤墒情、生育期而定,拔节期、抽穗期需水关键期应及时灌水;人工收获和机械收获在蜡熟后期进行,选无露水、晴朗天气进行;收获后及时脱离、晾晒,含水量达到 14%以下,可通过自然、人工方法进行干燥。

甘肃省高寒草原燕麦综合节水技术集成模式如图 7-4 所示。

7.2 新疆牧区

总结提出适宜于北疆地区紫花苜蓿浅埋滴灌条件下的灌水技术参数、农艺农机化配套技术、管理技术,进行优化组合与配套,构建北疆地区紫花苜蓿浅埋滴灌综合节水技术模式:地下滴灌技术+农艺技术+农机技术+管理技术。

7.2.1 北疆地区——浅埋滴灌紫花苜蓿

1. 播前准备

耕翻后要耙糖和镇压,并防止透风失水。冬前深翻的地块,次年冰雪融化后(4 月底以前)用缺口耙进行浅切保墒,切地深度达 15~20 cm。播种前,测定牧草种子纯净度,进行种子清选,主要品种有新疆大叶苜蓿、阿尔冈金、北疆苜蓿、新牧 1 号等。

2. 播种

一般采用春播,播种时间在 4 月中旬至 5 月末,当土壤温度在 5 ℃以上时,墒情较好即可播种。萌发时需要的温度见表 7-1,紫花苜蓿播种量及行距见表 7-2。

表 7-1 紫花苜蓿种子萌发时需要的温度

最低温度(℃)	最适温度(℃)	最高温度(℃)
0~4.8	36~37	37~44

表 7-2 紫花苜蓿播种量及行距

播种量(kg/hm²)		行距(cm)	
刈草用	种用	刈草用	种用
11.25~22.5	7.5~11.3	20~30	45~60

图 7-4 甘肃省高寒草原燕麦综合节水技术模式

播种深度以 2 cm 深为宜。耕翻后立即进行播种时,由于耕层疏松,很容易出现覆土过深的现象。因此,在播种前应进行镇压,使土层下沉,有利于控制覆土深度,为确保种植能够获得土壤中足够的水分而萌发。

根据实践经验,北疆地区苜蓿浅埋滴灌适宜采用内镶扁平滴头滴灌带。大田试验采用滴灌类型为内镶扁平滴头滴灌带:管径 16 mm,壁厚 0.3 mm,最大工作压力 0.15 MPa。每卷长度 1 500 m,单孔流量 2.5 L/h,每组贴片间距 300 mm,平地最大铺设长度 120 m。

采用 24 行播种机条播行距为 30 cm,每公顷播种量为 15～22.5 kg,滴灌带随播种时浅埋,滴灌带间距 80 cm,埋设深度 30 cm。播后镇压,使种子与土壤紧密接触,利于发芽。由于滴灌带埋设于地下 30 cm 处,通常地表 10 cm 不易湿润,因此苜蓿出苗需辅助灌水措施,采用漫灌或利用微喷带灌水,使播苜蓿种子出苗。

3. 节水灌溉技术

北疆地区紫花苜蓿灌溉制度见表 7-3。

表 7-3 浅埋滴灌紫花苜蓿灌溉制度

饲草料	降水量 (mm)	水文年	灌水次数 (次)	灌溉定额 (mm)	灌水定额 (mm)	灌水时间
紫花苜蓿	100～200	湿润年	10	20～25	240	返青,分枝初、盛,现蕾,返青,分枝,现蕾,返青
		中等年	12	25～30	360	返青,分枝初、盛,现蕾,返青,分枝,现蕾,返青
		干旱年	14	25～30	375	返青,分枝初、盛,现蕾初、盛,返青,分枝初、盛,现蕾,返青
	200～300	湿润年	7	15	1 575	返青,分枝,现蕾,返青,分枝,现蕾,返青
		中等年	8	15	180	返青,分枝初、盛,现蕾,返青,分枝初、盛,现蕾
		干旱年	10	20	300	返青,分枝初、盛,现蕾初、盛,分枝初、盛,现蕾,返青
	300～400	湿润年	7	10	105	返青,分枝,现蕾,返青,分枝,现蕾,返青
		中等年	8	10	120	返青,分枝初、盛,现蕾,返青,分枝,现蕾,返青
		干旱年	8	15	180	返青,分枝初、盛,现蕾,返青,分枝,现蕾,返青

4. 农艺农机配套技术

开春随着播种松土,每公顷施用农家肥 15～30 t、二铵 225～300 kg 和硫酸钾 75～150 kg,第二年开春时随着中耕松土,每公顷追施磷酸二铵 225 kg 和硫酸钾 75 kg;每次收割苜蓿后,随水滴尿素 75 kg/hm²、硫酸钾 120 kg/hm²。在分枝后期至现蕾期以及每次刈割之后,追肥一般以磷钾为主,一般每公顷施 37.5～75 kg(有效成分)。播后苗前亩用 40%乙阿合剂 200～250 mL 兑水 50 kg,进行土壤封闭防治杂草;防治杂草加入乙酰甲胺磷乳油 100 mL,防治蓟马、粘虫和棉铃虫等。在开花期收割,收割时要选择晴好天气,可以采取分片收割的办法;紫花苜蓿收割后尽量不要翻动,以免叶片脱落。

刈割后,在晴天阳光下晾晒 2～3 d,当苜蓿草的含水率在 18% 以下时,可在晚间或早晨进行打捆,以减少月叶片的损失及破碎。在打捆过程中,应该特别注意不能将田间的土块、杂草和腐草打入草捆。草捆密度 100～180 kg/m³,草捆尺寸为(宽×高)45 cm×35 cm,单个草捆质量 30～40 kg。苜蓿打捆后,应尽快入库或上坪码垛。

5. 田间管理

制定田间的统一管理形式,提早检查水源井、电、耕作机械的完好情况,做好播种灌水准备,统一进行机械播种。统一进行浇水,灌水时间视土壤墒情和紫花苜蓿生育期而定。统一追肥,发现病虫害时统一治理,适时收获、储藏。灌溉季节结束后,应排空管路内余水。

北疆地区紫花苜蓿综合节水技术模式如图 7-5 所示。

7.2.2 北疆地区——膜下滴灌青贮玉米

总结提出适宜于北疆地区青贮玉米膜下滴灌条件下的灌水技术参数、农艺农机化配套技术、管理技术,进行优化组合与相互配套,构建青贮玉米膜下滴灌条件下综合节水技术模式:膜下滴灌技术+农艺技术+农机技术+管理技术。

1. 播前准备

整地时,耕深 30 cm,碎土、挖平、开墒,墒间沟深 20 cm。田地四周开挖排水沟,沟深 40 cm。耐密品种保苗 4 000 株/亩,稀植品种 3 000 株/亩,密植通透栽培则 5 000 株/亩。种植青贮玉米的茬口一般尽量采用麦茬地,避免多年重茬种植,出现倒茬困难的情况下,重茬比例不超过青贮玉米种植面积的 30%左右。推荐使用新玉 10 号、新青 1 号;存放 3 年以上的种子,应先做发芽试验。

2. 播种

采用春播,播种时间在 4 月中旬至 5 月末,当土壤温度在 5 ℃以上时,墒情较好即可播种。如有灌溉条件,最好的播前灌水一次。青贮玉米播种时,0～10 cm 土层温度达到 12 ℃时,可适期早播,一般在 4 月中、下旬,5 月 10 日前完成播种。青贮玉米萌发时需要的温度见表 7-4。

表 7-4 青贮玉米种子萌发时需要的温度

最低温度(℃)	最适温度(℃)	最高温度(℃)
5～10	37～44	44～50

青贮玉米播种方法为点播,播种量及行距见表 7-5。

表 7-5 青贮玉米播种量及行距

播种量(kg/hm²)		行距(cm)	
刈草用	种用	刈草用	种用
30～37.5	15～7.5		20+50+20+60(1 膜 4 行)

地膜滴灌青贮玉米比常规玉米提前播种 5～10 d,播种为膜内穴播或膜上穴播。采用 40 cm+60 cm 的宽窄行,播种时侧深施种肥,施种肥 75 kg/hm²。

青贮玉米为中耕作物,播行必须要直,行距一致,交接行误差控制在±5 cm,播量准确,下籽均匀,不重不漏,播种深度 3～5 cm,种肥深 8～10 cm,距种子 5 cm 左右,覆土良好,并要求播种到头、到边。

日期	4月	5月			6月			7月			8月			9月		全生育期
	下旬	上旬	中旬	下旬	上旬	中旬	下旬	上旬	中旬	下旬	上旬	中旬	下旬	上旬	中旬	
平均有效降雨量(mm)	0	0	0	3	4	7	3	2	0	2	1	1	0	0	0	
需水量(mm)	10.4	12.4	15.8	22.7	18.4	26.7	24.4	47.9	40.7	42.1	30.3	25.8	19.4	12.8	7.4	357.2
作物生育期	第一茬 返青期(播种)		第一茬 分枝—孕蕾期		第一茬 孕蕾—开花期			第二茬 返青期		第二茬 分枝—孕蕾期		第二茬 孕蕾—开花期		第三茬 返青—分枝期		
生育特点	水热条件适宜,苜蓿播后一星期左右就开始出苗,80%的幼苗破土而出即可出苗。 伴春气温的回升,植株开始发芽、生长,生长相对缓慢,主要以根系发育为主		分枝期苜蓿根颈部开始长出新的枝条,该阶段生长旺盛,进入了营养生长阶段,是水肥供应的临界时期		现蕾期植株生长快,每天株高增长1~2cm,进入营养生长与生殖生长并进阶段			植株开始出芽、生长,生长相对缓慢,属于营养生长阶段		该阶段生长旺盛,较快,每天株高增长1cm,营养生长与生殖生长并进 是水肥供应的临界时期		现蕾期植株生长较快,每天株高增长1cm,营养生长与生殖生长并进		植株开始出芽、生长,生长相对缓慢,属于营养生长阶段		
主攻目标	促进根系发育,培育壮苗,达到苗早、苗足、苗齐、苗壮		需促进中上部叶片增大,茎秆敦实的丰产长相		协调好营养生长与生殖生长,实现壮秆、大穗			促进水分吸收,加快返青速度		需促进中上部叶片增大,茎秆敦实的丰产长相		协调好营养生长与生殖生长,实现壮秆、大穗		促进水分吸收,加快返青速度		
水分管理(中等年)	返青期,浇水1次,灌水定额25 mm(16 m³/亩)		浇水1次,灌水定额25~30 mm(16~20 m³/亩)		浇水2次,分别为现蕾初和现蕾末,灌水定额25~30 mm(16~20 m³/亩)			浇水2次,分别为返青初和返青末,灌水定额25~30 mm(16~20 m³/亩)		浇水2次,分别为分枝初和分枝末,灌水定额25~30 mm(16~20 m³/亩)		浇水2次,分别为现蕾初和现蕾末,灌水定额25~30 mm(16~20 m³/亩)		返青期,浇水1次,灌水定额25~30 mm(16~20 m³/亩)		
水分管理(干旱年)	返青期,浇水2次,灌水定额25~30 mm(16~20 m³/亩)		浇水2次,灌水定额25~30 mm(16~20 m³/亩)		浇水2次,分别为现蕾初和现蕾末,灌水定额25~30 mm(16~20 m³/亩)			浇水2次,分别为返青初和返青末,灌水定额25~30 mm(16~20 m³/亩)		浇水2次,分别为分枝初和分枝末,灌水定额25~30 mm(16~20 m³/亩)		浇水2次,分别为现蕾初和现蕾末,灌水定额25~30 mm(16~20 m³/亩)		返青期,浇水2次,灌水定额25~30 mm(16~20 m³/亩)		
肥料管理	浅埋式地下滴灌紫花苜蓿开春随着播种施松土,每亩施用农家肥1~2 t,二铵15~20 kg和硫酸钾5~10 kg兑水,第二年开春随着中耕松土,每亩追施磷酸二铵15 kg和硫酸钾5 kg		随水滴尿素2 kg/亩		随水滴尿素2 kg/亩、硫酸钾4 kg/亩			随水滴尿素3 kg/亩、硫酸钾4 kg/亩		随水滴尿素2.5 kg/亩、硫酸钾4 kg/亩		随水滴尿素2 kg/亩、硫酸钾4 kg/亩		随水滴尿素2 kg/亩、硫酸钾4 kg/亩		
播前准备	地势平坦或稍有起伏(坡度小于5%);土层厚度不于40 cm,有机质含量高,土壤肥沃,pH值6.5~7.5,土壤全盐含量小于0.4%;有较丰富的水源且水质优良							排水良好,地下水位在3.0 m以下;无沙化危险,应有保护措施,如围栏、建防护林网等								
种子清选	推荐使用新疆大叶苜蓿、阿尔冈金、北疆苜蓿、新牧1号等;硬实种子约10%~20%,处理主要采用变温浸种;存放3年以上的种子,应先做发芽试验,不必做种子处理															
播种条件	播种时间一般在5月上旬,在保证紫花苜蓿有60 d以上生育期能安全越冬的前提下,可秋播紫花苜蓿,最晚7月下旬播种;一般当土壤温度在5 ℃以上时,墒情较好即可播种															
播量与播深	条播,整地时,种草地全耕,耕深30 cm,碎土、挖平、开沟。播种深度2 cm为宜;采用24行播种机条播行距为30 cm,每公顷播种量为15~22.5 kg,滴灌带随播种时浅埋,滴灌带行距80 cm,埋设深度30 cm															
中耕	幼苗期和刈割后是中耕关键时期。清除杂草可利用中耕机也可人工锄草				用丁齿耙,顺垄浅耙一次,或纵横浅耙。达到消灭杂草和松土保墒的目的			每次刈割后,应立即进行中耕除草								
病虫害防治	播后亩前用40%乙阿合剂200~250 mL兑水50 kg,进行防治杂草;防治杂草加乙酰甲胺磷乳油100 mL,防治蓟马、粘虫和棉铃虫等		主要是防治盲蝽、霜霉病白粉病、潜叶蝇、蓟马		综合防治霜霉病、褐斑病和蓟马			综合防治霜霉病、褐斑病和蓟马		注意防治褐斑病、草地螟		注意防治褐斑病、草地螟				
刈割																植株有5%已开花时收割,收割末期开花率也不能超过10%,这样制干后的苜蓿粗蛋白含量可保持17.5%以上;每年刈割2~3茬,留茬高度5~7 cm,最后一次刈割不晚于霜前一个月,留茬高度为10~20 cm,以利于过冬
打捆																刈割后,在晴天阳光下晾晒2~3 d,当苜蓿的含水率18%以下时,可在晚间或早晨进行打捆,以减少叶片的损失及破碎。在打捆过程中,应该特别注意不能将田间的土块、杂草和腐草打入草捆。草捆密度100~180 kg/m³,草捆尺寸为(宽×高)45 cm×35 cm,单个草捆质量约30~40 kg
贮存																捆集垛时按照码上垛垛的方式集小垛,采取3×3进行。草捆横向二间留出20 cm左右的缝隙,草垛纵向二间留出0.5 m的空隙,利于集垛后的通风。另外,垛底铺一些木板或干草,防止紫花苜蓿草捆吸收地下潮气而发霉

图 7-5 北疆地区紫花苜蓿综合节水技术模式

3. 节水灌溉技术

北疆地区青贮玉米灌溉制度见表 7-6。

表 7-6 膜下滴灌青贮玉米灌溉制度

饲草料	降水量 (mm)	水文年	灌水次数 (次)	灌溉定额 (mm)	灌水定额 (mm)	灌水时间
青贮玉米	100～200	湿润年	10	30	300	苗初,苗末,拔节初,拔节中,拔节末,抽穗初,抽穗中,抽穗末,开花,乳熟
		中等年	11	25～30	375	苗初,苗末,拔节初,拔节中,拔节末,抽穗初,抽穗中,抽穗末,开花初,开花末,乳熟
		干旱年	13	30	400	播前,苗初,苗中,苗末,拔节初,拔节中,拔节末,抽穗初,抽穗中,抽穗末,开花初,开花末,乳熟
	200～300	湿润年	7	25	240	苗初,苗末,拔节初,拔节末,抽穗初,抽穗末,乳熟
		中等年	9	25	300	苗初,苗末,拔节初,拔节中,拔节末,抽穗初,抽穗中,抽穗末,乳熟
		干旱年	11	25	375	播前,苗初,苗末,拔节初,拔节中,拔节末,抽穗初,抽穗中,抽穗末,乳熟初,乳熟末
	300～400	湿润年	5	20	100	苗期,拔节,抽穗初、盛
		中等年	7	20	150	苗期,拔节初、盛,抽穗初,花期
		干旱年	8	20	200	苗期,拔节初、盛,抽穗初、盛,花期

4. 农艺农机配套技术

青贮玉米播后苗前,亩用 40％乙阿合剂 200～250 mL 兑水 50 kg,进行土壤封闭防治杂草;防治杂草同时加入乙酰甲胺磷乳油 100 mL,防治蓟马、粘虫和棉铃虫等害虫。底肥随犁地时施入,每公顷农家肥 15～30 t,重过磷酸钙(三料)450 kg、300 kg 二铵、尿素 120 kg,翻埋入地。追肥结合滴灌施入,在头水、大喇叭扣期和授粉期追肥 2～3 次,每次追施尿素 20 kg/hm^2。

青贮玉米整株玉米的最佳干物质含量在 28％～35％之间,水分含量 65％～75％。适宜收割期在蜡熟期,即籽粒剖面呈蜂蜡状,没有乳浆汁液,籽粒尚未变硬。收获时间应控制在 10 d 内,利于保证质量和产量。按照农艺要求选择青贮玉米收割机,割茬高度≤15 cm,切段长度 1.5～4.0 cm。

5. 管理技术

制定田间的统一管理形式,检查水源井、电、耕作机械的完好情况,做好播种灌水准备,统一进行机械播种。统一进行浇水,灌水时间视土壤墒情和青贮玉米生育期而定。统一追肥,发现病虫害时统一治理,适时收获、青贮。灌溉季节结束后,应排空管路内余水。

北疆地区青贮玉米综合节水技术模式如图 7-6 所示。

日期	4月 下旬	5月 上旬	5月 中旬	5月 下旬	6月 上旬	6月 中旬	6月 下旬	7月 上旬	7月 中旬	7月 下旬	8月 上旬	8月 中旬	8月 下旬	9月 上旬	9月 中旬	全生育期
多年平均有效降雨量(mm)	0	0	0	3	4	7	3	2	0	2	1	1	0	0	0	
需水量(mm)	10.4	14.2	10.4	21.4	21.1	30.4	54.8	57.9	46.8	30.1	30.5	24.2	23.5	18.6	12.4	383.9
作物生育期	播种				苗期			拔节期			抽穗—开花期			灌浆—乳熟期		
生育特点		根系生长为中心，其次是叶片，属于营养生长阶段			进入旺盛的营养生长阶段，对营养需求比较强烈			进入了营养生长与生殖生长并进阶段			营养生长基本停止，进入生殖生长阶段，营养逐渐向穗转移					
主攻目标		促进根系发育，培育壮苗，达到苗早、苗足、苗齐、苗壮			促进中上部叶片增大，茎秆敦实的分产长相			协调好营养生长与生殖生长，实现壮秆、大穗			保护叶片不损伤、不早衰，营养转移早期开始收割，达到丰产					
水分管理(中等年)	为提高水资源利用效率，北疆地区一般于干播湿出，故播种期不浇水				浇水2次，分别为苗初和苗末，灌水定额25~30 mm (16~20 m³/亩)			浇水3次，拔节初，拔节中，拔节末，灌水定额25~30 mm (16~20 m³/亩)			抽穗初，抽穗中，抽穗末；灌水定额25~30 mm (16~20 m³/亩)			开花，乳熟。灌水定额25~30 mm (16~20 m³/亩)		
水分管理(干旱年)	干旱年可浇播前水一次，30 mm (20 m³/亩)				浇水3次，拔节初，拔节中，拔节末，灌水定额30 mm			浇水3次，拔节初，拔节中，拔节末，灌水定额30 mm (20 m³/亩)			抽穗初，抽穗中，抽穗末；灌水定额30 mm (20 m³/亩)			开花初，开花末，乳熟，灌水定额30 mm (20 m³/亩)		
肥料管理	底肥随犁地时施入，每公顷农家肥1~2 t，重过磷酸钙(三料)20 kg、200 kg 二胺、尿素40 kg，翻埋入地				结合滴灌施入，追肥1次，每次追施尿素2.0 kg/亩			结合滴灌施入，追肥3次，每次追施尿素2 kg/亩，共6.0 kg			结合滴灌施入，追肥2次，每次追施尿素2.5 kg/亩，共5.0 kg			结合滴灌施入，追肥1次，追施尿素2.0 kg/亩		
播前准备	地势平坦或稍有起伏(坡度小于5%)；土层厚度不小于40 cm，有机质含量高，土壤肥沃，pH值6.5~7.5，土壤全盐含量小于0.4%；有较丰富的水源且水质优良；尽量用麦茬地，避免多年重茬				排水良好，地下水位在3.0 m以下；无沙化危险，应有保护措施，如围栏、建防护林网等											
种子清选	推荐使用新玉10号、新青1号；硬实种子的处理主要采用变温浸种；存放3年以上的种子，应先做发芽试验，不必做种子处理															
播种条件	播种时间在4月中下旬至5月下旬，最晚不超过6月上旬；一般当土壤温度在5℃以上时，墒情较好即可播种；0~10 cm土层温度达到12℃时，可适期早播															
播量与播深	整地时，种草地全耕，耕深30 cm，碎土、挖平、开墒，墒间沟距20 cm。田地四周开挖排水沟，沟深40 cm。耐密品种保苗4 000株/亩，稀植品种3 000株/亩，密植通透栽培则5 000株/亩															
中耕		第一遍中耕以不拉伏、不埋苗为宜，作用松土、保墒、除草，护苗带10 cm。中耕深度12 cm			第二遍中耕主要是松土、保墒、除草、开沟、培土。第二、三遍中耕护苗带依次加宽，一般为12 cm；中耕深度也依次加深，第二遍深度14 cm，第三遍16 cm			第三遍追肥、开沟、培土								
病虫害防治	播后苗前，亩用40%乙阿合剂200~250 mL兑水50 kg，进行土壤封闭防治杂草；防治杂草同时加入乙酰甲胺磷乳油100 mL，防治蓟马、粘虫和棉铃虫等害虫				综合防治杂草、蓟马、粘虫和灯蛾等害虫			适时防治玉米螟等害虫以及红蜘蛛，防治褐斑病			注意防治玉米蚜虫、棉铃虫，防治大小斑和锈病			防治锈病和玉米蚜虫，适时早收		
收割														收割标准是植株青绿，空杆率10%以下，最佳干物质含量在28%~35%之间，青贮植株水分含量65%~75%。最佳青割期在蜡熟期		
留茬														收割高度为高于地面15 cm左右为最佳		
利用														在制作青贮时，可搭配一些紫花苜蓿等豆科牧草混合青贮，增加青贮蛋白质含量。青贮制作后40~50 d，待青贮发酵、软化后饲喂牲畜。开窖后，可从青贮窖的一头开窖，每天随取随用		

图 7-6 北疆地区青贮玉米综合节水技术模式

7.3 青藏高原牧区

总结提出适宜于青藏高原牧区青稞畦灌条件下的灌水技术参数、农艺农机化配套技术、管理技术,进行优化组合与相互配套,构建青藏高原牧区青稞畦灌条件下综合节水技术模式:畦灌技术+农艺技术+农机技术+管理技术。

1. 品种选择

青稞是禾本科大麦属的一种禾谷类作物,因其内外颖壳分离,籽粒裸露,故又称裸大麦、元麦、米大麦。青稞分为白青稞、黑青稞、墨绿色青稞等种类,在青藏高原具有悠久的栽培历史,是西藏饮食四宝之一糌粑的主要原料。藏区选用品种一般为藏青320、四棱裸大麦、甘青5号、甘青4号、北青7号等。

2. 播种

播种方式采用条播,机械作业,行距25～30 cm,深度5 cm左右,播种量每亩6～15 kg。由于西藏高寒牧区干燥寒冷,地温低,无霜期短,播种时间宜在4月下旬、5月上旬、中旬。

3. 灌水技术

根据作物生育期有效降雨量,采用多年降雨资料排频,划分不同水文年份。降水频率小于25%对应年份为湿润水文年,降水频率25%～75%为正常水文年,降水频率75%以上为干旱水文年。用真实年法结果是:作物生育期有效降雨量496 mm以上为湿润年,365～496 mm为正常水文年,365 mm以下为干旱年。

根据拉萨地区研究结果,半农半牧区青稞推荐如下灌溉制度:

(1)牧草播种前一定要保证出苗水,没有降雨的情况下,土壤要有一定墒情,灌溉计划湿润层至少20 cm,灌溉定额每亩25 m³。

(2)苗期划分时期为5月上旬～下旬,其包含苗期向拔节期过渡的分蘖期,由于分蘖期时间仅有4～6 d,所以统一划分在苗期。干旱水文年与正常水文年可依据当年实际降雨情况灌水30 m³/亩,灌水时间宜在苗期后期,幼苗分蘖时。

(3)5月下旬～6月下旬牧草进入需水关键期,如果此时降雨不够充足要保证及时灌水,拔节期水分一定要供给充足。干旱水文年可依据当年实际降雨情况灌水70 m³/亩,可依据实际情况分2～3次灌入田间;正常水文年灌水定额55 m³/亩,可依据实际情况分1～2次灌入田间;湿润水文年灌水定额30 m³/亩,一般1次灌入田间即可。

(4)6月下旬～7月中旬牧草陆续进入抽穗期,此时青稞同样处于需水关键期,耗水量可达到4～6 mm/d,同时6～8月正值西藏地区雨季,多为补充性灌溉,干旱水文年可依据当年实际降雨情况抽穗期灌溉25 m³/亩即可。

(5)7～8月份当地降雨往往足够牧草日需耗水量要求,此时不宜过多灌溉,过多灌溉反而易导致牧草成片倒伏。

青稞生育阶段划分及优选灌溉制度见表7-7。

表 7-7　青稞生育阶段划分及优选灌溉制度

方　案	灌水定额(m³/亩)				毛灌溉定额(m³/亩)
	出苗前(4月下旬)	苗期(5月上旬~下旬)	拔节期(5月下旬)	抽穗期(6月上旬~下旬)	
干旱水文年	25	30	70	25	150
正常水文年	25	30	55		110
湿润水文年	25		30		55

4. 施肥技术

青稞应抓好土壤的基础肥力，施足基肥，氮、磷配合使用，在施用时间上，要掌握"积肥足、追肥早"的原则，若追肥过晚，后期施肥过多，作物旺长，同时期雨水过多，导致大面积倒伏。秋耕结合施优质农家肥 1 m³/亩(1~2 t)，春耕施磷酸二铵底肥 25 kg/亩，氮肥用尿素全部作追肥，30 kg/亩分两次施，第 1 次结合拔节期灌水实施 50%，第 2 次在抽穗始期施 50%。

5. 田间管理技术

病虫害防治。青稞黑穗病有坚黑穗病和散黑穗病两种，主要危害穗部。防治方法：用 1% 石灰水浸种；用 0.1% 多菌灵药液浸青稞种 60 kg，浸种 36~48 h，捞出晾干后可播种。

蚜虫是青稞上的主要害虫，种类有二叉蚜、支长管蚜等，属同翅目蚜科。蚜虫常大量聚集在叶片、茎秆和穗部，吸取叶液，影响青稞的生长发育，使千粒重下降，造成减产。防治方法：将选好的种子 100 kg 用 75% "3911" 乳液 200 g 加水 8~12 kg，均匀搅拌堆放 8~12 h 后播种；在蚜虫发生始期，用 40% 氧化乐果乳液 50 mL，加水 50~70 kg 喷雾。

收获：青稞的收获和小麦一样，应在适宜的时候进行。青稞的穗轴很脆，易掉穗落粒；收割过晚，损失增大；过早收割，影响籽实的品质和产量。具体的收获时间与品种用途有关，食用和饲料用的青稞，在蜡熟后期较为适宜，酿酒用的青稞需在完熟期收割。

安全贮藏：在贮藏期间，青稞籽粒的含水量控制在 13%，贮藏温度在 0 ℃ 以下。

青藏高原牧区青稞综合节水技术模式如图 7-7 所示。

图 7-7　青藏高原牧区青稞综合节水技术模式

8 结 论

8.1 全国牧区灌溉人工牧草种植区域适宜性

采用实地调研、资料收集以及根据人工牧草灌溉试验成果，选取我国牧区种植较多、分布广泛的6种主要灌溉人工牧草：紫花苜蓿、青贮玉米、饲料玉米、披碱草、燕麦、青稞。根据灌溉人工牧草适宜生长条件、研究区域气候条件和种植技术等，分析主要灌溉人工牧草适宜种植区域，为牧区灌溉人工牧草需水规律及等值线图绘制提供基础。

1. 紫花苜蓿

我国牧区适宜种植紫花苜蓿为秋眠品种，具有喜温暖半干旱气候，能抗严寒，耗水量大于一般禾本科植物。结合我国牧区气候条件，紫花苜蓿适宜种植区域包括内蒙古中部地区、内蒙古西部地区和甘肃河西陇东地区及新疆牧区，其中内蒙古中部地区每年收获2茬，内蒙古西部地区、甘肃河西陇东地区及新疆牧区可收获3茬。

2. 饲料玉米

我国牧区均位于玉米适宜种植区，但在青藏高原玉米区（包括青海、西藏和四川川西北高原地区），玉米属于新兴农作物之一，种植面积较小，故本次仅考虑内蒙古及周边牧区和新疆牧区，其中内蒙古及周边牧区中呼伦贝尔市和锡林郭勒盟北部旗县无霜期较短，玉米种植较少，以青贮玉米为主。

3. 青贮玉米

青贮玉米与玉米种植条件相似，结合实地种植调研情况，黑龙江、吉林、辽宁、内蒙古中西部地区、河北、山西、甘肃等牧区、半牧区县以种植玉米为主，青贮玉米种植较少；内蒙古呼伦贝尔市及锡林郭勒盟北部旗县由于无霜期短，以种植青贮玉米为主；新疆青贮玉米种植区域包括乌鲁木齐市、昌吉州、吐鲁番市、巴音郭楞蒙古自治州、阿克苏地区及和田民丰县、克孜勒苏柯尔克孜自治州阿克陶县以及伊犁州的伊宁市。

4. 披碱草

结合我国牧区自然地理条件，披碱草在我国牧区的适宜种植区域主要有甘肃河西陇东地区。

5. 燕　麦

我国牧区燕麦的主要种植区域包括内蒙古中部地区、河北坝上地区、山西朔州、宁夏固原、甘肃省贺兰山、六盘山南麓的定西、临夏、青海省湟水，以及新疆中西部及云南迪庆、四川凉山、甘孜和阿坝地区、西藏等高海拔地区。

6. 青　稞

青稞是青藏高原地区最主要的粮食作物之一，其适宜种植区域主要分布在西藏、青海、四川甘孜州和阿坝州、云南迪庆及甘肃甘南等高海拔的青藏高寒区。

8.2 全国牧区 ET_0 影响因素及时空变异性

全国牧区选择 270 个气象站点的常规气象资料,利用联合国粮农组织推荐的 Penman-Monteith 公式计算各气象站点 ET_0,在不同分区选择典型站点分析日均 ET_0、月均 ET_0、年均 ET_0 的变化规律和主要影响因素,提出不同分区影响 ET_0 的主控因子,为典型人工牧草需水量计算提供依据。

1. 全国牧区 ET_0 时间变化趋势及影响因素

全国牧区 ET_0 年内变化趋势呈现低—高—低变化规律:4~8 月份 ET_0 呈现增长趋势,ET_0 增幅 60 mm 左右;9 月份 ET_0 降低,最大降幅达 80 mm。年际间的变化与气象的干湿变化相似。

内蒙古及周边牧区:ET_0 主控影响因素为相对湿度,其次为温度。日均 ET_0 变化在 3.18~5.31 mm,月均变化 95.41~159.28 mm,年均变化为 898.75~1 188.98 mm。

新疆牧区:ET_0 主控影响因素为平均相对湿度。ET_0 日均变化为 3.17~5.86 mm,月均变化为 95.03~180.29 mm,年均变化在 784.24~1 183.54 mm。

青藏高原牧区:ET_0 主控影响因素为日照时数。ET_0 变化较前两个分区小,日均 ET_0 为 1.36~3.72 mm,月均 ET_0 为 53.04~122.77 mm,年均变化为 466.47~1 139.33 mm。

2. 全国牧区 ET_0 空间变异性

青海、四川、西藏、宁夏及黑龙江 ET_0 相对较小而新疆 ET_0 较大,8 月份最大达到 210 mm;内蒙古自治区 4 月份 ET_0 在整个研究区域相对较小为 70 mm,9 月份相对较大达到 130 mm,ET_0 变化较大。

8.3 全国牧区主要人工牧草需水量和需水规律

1. 内蒙古及周边牧区典型人工牧草需水量和作物系数

内蒙古东中部半干旱典型草原区及周边牧区:①青贮玉米:灌溉方式主要是喷灌,需水量为 388.5~427.3 mm,需水强度 4.22~4.36 mm/d,作物系数 K_c 为 0.88~0.97。②饲料玉米:灌溉方式主要是畦灌,需水量为 440.6~550.0 mm,需水强度 3.4~3.9 mm/d,作物系数 K_c 为 0.67~0.90。③燕麦:灌溉方式主要是畦灌,需水量为 348.5 mm,需水强度 3.42 mm/d,作物系数 K_c 为 0.87。④披碱草:灌溉方式主要是畦灌,需水量为 498.0 mm,需水强度 4.2 mm/d,作物系数 K_c 为 0.89。

内蒙古西部荒漠草原区及周边牧区:①青贮玉米:灌溉方式主要是畦灌,需水量为 417.9~433.3 mm,需水强度 3.6~3.8 mm/d,作物系数 K_c 为 0.80~0.83。②饲料玉米:灌溉方式主要是喷灌,需水量为 482.0~834.1 mm,需水强度 3.7~5.6 mm/d,作物系数 K_c 为 0.63~0.98。③燕麦:灌溉方式主要是喷灌,需水量为 259.9 mm,需水强度 3.9 mm/d,作物系数 K_c 为 0.81。④披碱草:灌溉方式主要是喷灌,需水量为 380.7 mm,需水强度 2.9 mm/d,作物系数 K_c 为 0.63。⑤紫花苜蓿:灌溉方式主要是畦灌,需水量为 400.4~

686.9 mm,需水强度 3.1～4.0 mm/d,作物系数 K_c 为 0.71～0.77。

2. 新疆牧区典型人工牧草需水量和作物系数

①饲料玉米:灌溉方式主要是畦灌,需水量为 415.9 mm,需水强度 2.2 mm/d,作物系数 K_c 为 0.93。②紫花苜蓿:喷灌,需水量为 804.1～865.7 mm,需水强度 5.6～5.8 mm/d,作物系数 K_c 为 1.04～1.15;滴灌,需水量为 514.0～635.0 mm,需水强度 5.3～5.6 mm/d,作物系数 K_c 为 0.70～0.89。

3. 青藏高原牧区典型人工牧草需水量和作物系数

①燕麦:灌溉方式主要是畦灌,需水量为 275.6～577.6 mm,需水强度 2.4～4.3 mm/d,作物系数 K_c 为 0.52～0.84。②青稞:灌溉方式主要是畦灌,需水量为 457.9～723.5 mm,需水强度 3.5～5.6 mm/d,作物系数 K_c 为 0.67～0.71。③饲料玉米:灌溉方式主要是畦灌,需水量为 474.0～540.0 mm,需水强度 3.1～3.8 mm/d,作物系数 K_c 为 0.88～0.92。

8.4 全国牧区灌溉人工牧草综合节水技术模式

分析总结不同分区高效节水技术、农艺配套技术、农机化配套技术、先进实用的管理技术等已有单项成果,进行筛选、系统归纳和组装配套,集成不同区域典型灌溉人工牧草适宜的综合节水技术模式 7 种。

(1)内蒙古东部草甸草原青贮玉米综合节水技术模式

内蒙古东部草甸草原青贮玉米中心支轴式喷灌综合节水技术模式:中心支轴式喷灌技术＋农艺技术＋农机技术＋管理技术。

(2)内蒙古中部典型草原青贮玉米综合节水技术模式

内蒙古中部典型草原青贮玉米卷盘式喷灌综合节水技术模式:卷盘式喷灌技术＋农艺技术＋农机技术＋管理技术。

(3)内蒙古西部荒漠草原饲料玉米综合节水技术模式

内蒙古西部荒漠草原饲料玉米膜下滴灌综合节水技术模式:膜下滴灌技术＋农艺技术＋农机技术＋管理技术。

(4)甘肃省高寒草原燕麦综合节水技术模式

甘肃省高寒草原燕麦固定式喷灌综合节水技术模式:固定式喷灌技术＋农艺技术＋农机技术＋管理技术。

(5)北疆地区紫花苜蓿综合节水技术模式

北疆地区紫花苜蓿浅埋滴灌综合节水技术模式:地下滴灌技术＋农艺技术＋农机技术＋管理技术。

(6)北疆地区青贮玉米综合节水技术模式

北疆地区青贮玉米膜下滴灌综合节水技术模式:膜下滴灌技术＋农艺技术＋农机技术＋管理技术。

(7)青藏高原区青稞综合节水技术模式

青藏高原区青稞畦灌综合节水技术模式:畦灌技术＋农艺技术＋农机技术＋管理技术。

参 考 文 献

[1] 史晓楠,王全九,王新,等.参考作物腾发量计算方法在新疆地区的适用性研究[J].农业工程学报,2006,22(6):19-23.
[2] 刘钰,蔡林根.参照腾发量的新定义及计算方法对比[J].水利学报,1997(6):27-28.
[3] 毛飞,张光智,徐祥德.参考作物蒸散量的多种计算方法及其结果的比较[J].应用气象学报,2000(6):128-136.
[4] 焦有权,王茜,江芳,等.全国参考作物腾发量及其主要影响因素演变趋势[J].中国农村水利水电,2020(9):30-34.
[5] 李彦,陈祖森,张保,等.参考作物蒸发蒸腾量的多元线性回归模型研究[J].新疆农业大学学报,2005,28(1):70-72.
[6] 刘晓英,林而达,刘培军.Priestley Taylor 与 Penman 法计算参照作物腾发量的结果比较[J].农业工程学报,2003,19(1):32-34.
[7] 杨磊.干旱荒漠绿洲区紫花苜蓿生长、耗水规律及调亏灌溉模式研究[D].杨凌:西北农林科技大学,2008.
[8] ALLEN R G, PEREIRA L S, RAES D, et al. Crop evaporation-guidelines for computing crop water requirements[A]. FAO Irrigation and Drainage Paper 56, Rome, 1998.
[9] ALIEN R G. Using the FAO-56 dual crop coefficient method over an irrigated region as part of an evapotranspiration intercomparison study[J]. Journal of Hydrology, 2000, 229(1-2):27-41.
[10] 余婷,崔宁博,张青雯,等.中国西北地区日参考作物腾发量模型适用性评价[J].排灌机械工程学报,2019,37(8):710-717.
[11] 李玉霖,崔建垣,张铜会.参考作物蒸散量计算方法的比较研究[J].中国沙漠,2002,22(4):372-376.
[12] 王健,蔡焕杰,刘红英.利用 Penman-Monteith 法和蒸发皿法计算农田蒸散量的研究[J].干旱地区农业研究,2002,20(4):67-71.
[13] 褚桂红.气候变化条件下参考作物腾发量演变特性及影响因素分析[J].水资源开发与管理,2019(12):13-16.
[14] 段春锋,缪启龙,曹雯.西北地区参考作物蒸散变化特征及其主要影响因素[J].农业工程学报,2011,27(8):77-83.
[15] 佟长福,史海滨,李和平,等.呼伦贝尔草甸草原人工牧草土壤水分动态变化及需水规律研究[J].水资源与水工程学报,2010,6(21):12-14.
[16] 郭克贞,赵淑银,徐冰,等.毛乌素沙地紫花苜蓿灌溉节水增产机理与调控技术[M].北京:科学出版社,2013.
[17] 佟长福,郭克贞,史海滨,等.毛乌素沙地饲草料作物土壤水动态及需水规律的研究[J].中国农村水利水电,2007(1):28-31.
[18] 王志强,朝伦巴根,高瑞忠,等.多年生人工牧草高效用水灌溉制度的研究[J].农业工程学报,2006,22(12):49-55.
[19] 吕厚荃,钱拴,杨霏云,等.华北地区玉米田实际蒸散量的计算[J].应用气象学报,2003(12):722-728.

[20] 郭克贞,赵淑银,苏佩凤,等.草地SPAC水分运移消耗与高效利用技术[M].北京:中国水利水电出版社,2008.

[21] 佟长福,郭克贞,佘国英,等.饲草料地土壤水分动态变化规律及其预测的人工神经网络模型的研究[J].土壤通报,2007,5(38):844-847.

[22] 宋孝玉,刘雨,覃琳,等.内蒙古鄂托克旗天然草地植被生态需水量研究[J].农业工程学报,2021,37(3):107-115.

[23] 徐斌,杨秀春,白可喻,等.中国苜蓿综合气候区划研究[J].草地学报,2007,15(4):316-321.

[24] 马寿福,刁治民,吴保锋.青海青稞生产及发展前景[J].安徽农业科学,2006,34(12):2661-2662.

[25] 杨文凯,杨文月.临夏市紫花苜蓿种植气候条件分析[J].甘肃农业科技,2006(1):54-55.

[26] 耿华珠.中国苜蓿[M].北京:中国农业出版社,1995.

[27] 徐胜利.以紫花苜蓿为典型的牧草节水灌溉制度研究[J].节水灌溉,2007(8):67-70.

[28] 刘虎,魏永富,邬佳宾,等.阿勒泰地区参考作物潜在腾发量计算方法研究[J].中国农学通报,2014,30(11):127-133.

[29] 佟长福,李和平,张娜.新疆维吾尔自治区参考作物腾发量时空变异性研究[J].节水灌溉,2016(8):153-156.

[30] 佟长福,李和平,胡翠艳,等.内蒙古自治区参考作物腾发量的时空变化[J].排灌机械工程学报,2018,36(11):1071-1075.

[31] 孙洪仁,刘国荣,张英俊,等.紫花苜蓿的需水量、耗水量、需水强度、耗水强度和水分利用效率研究[J].草业科学,2005,22(12):24-30.

[32] 范晓慧,吕志远,郭克贞,等.毛乌苏沙地膜下滴灌青贮玉米作物需水量研究[J].灌溉排水学报,2014(1):65-67.

[33] 郑和祥,赵淑银,郭克贞,等.内蒙古中部牧区青贮玉米立体种植灌溉制度优化[J].水土保持研究,2013(4):86-90.

[34] 佟长福,李和平,白巴特尔,等.锡林河流域灌溉紫花苜蓿需水规律与灌溉定额优化研究[J].中国农学通报,2014(29):188-192.

[35] 李桂荣.苜蓿需水量及水分利用效率的研究[D].北京:中国农业科学院,2003.

[36] 佟长福,李和平,白巴特尔,等.锡林河流域青贮玉米灌溉定额优化研究[J].中国农村水利水电,2014(2):33-35.

[37] 寇丹.西北旱区地下调亏滴灌对苜蓿(Medicago sativa L.)产量、品质及耗水量的影响[D].北京:北京林业大学,2014.

[38] 魏钟博,边大红,杜雄,等.黑龙港流域夏玉米生育期降水、需水和干旱时空分布特征[J].农业工程学报,2020,36(9):124-133.

[39] 祁娟,师尚礼,徐长林,等.4种披碱草属植物光合作用光响应特性的比较[J].草业学报.2013,22(6):100-107.

[40] 胡雨琴,佘国英,王桂林.阴山北麓干旱荒漠草原人工灌溉人工牧草节水灌溉制度[J].内蒙古水利,2004(2):19-21.

[41] 裴学艳,宋乃平,王磊,等.灌溉量和灌溉时期对紫花苜蓿耗水特性和产量的影响[J].节水灌溉,2010(1):26-30.

[42] 戴佳信,史海滨,郭克贞.鄂尔多斯台地饲料玉米灌溉制度的试验研究[C].纪念中国农业工程学会成立三十周年暨中国农业工程学会2009年学术年会(CSAE2009),太原,2009.

[43] 于定一,张珍,崔玉霞,等.乌兰察布退耕区紫花苜蓿优化种植及节水灌溉制度试验研究[J].内蒙古农业大学学报(自然科学版),2007,28(1):132-135.

[44] 田德龙,李熙婷,郭克贞,等.河套灌区地下滴灌对紫花苜蓿生长特性的影响[J].节水灌溉,2015(5):16-19.

[45] 商艳,朝伦巴根,达布希,等.利用估算的太阳辐射计算浑善达克沙地参考作物蒸散速率的精度分析[J].中国农业气象,2006,27(1):6-10.

[46] 汤鹏程,徐冰,高占义,等.西藏高海拔地区气象数据缺失条件下的 ET_0 计算研究[J].水利学报,2017,48(9):1055-1063.

[47] 蒙强,刘静霞,李玉庆,等.西藏高原灌区参考作物蒸散量模型的适用性研究[J].节水灌溉,2020(6):61-67,72.

[48] 吴兴荣,华根福,莫树志.新疆北部苜蓿耗水规律及灌溉制度研究[J].节水灌溉,2012(2):38-40.

[49] 沈建根.毛乌素沙地作物耗水规律及蒸散发过程模拟研究[D].北京:中国地质大学,2013.

[50] 夏玉慧.地下滴灌条件下苜蓿生长特性研究[D].杨凌:西北农林科技大学,2008.

[51] 周磊.内蒙古阿拉善左旗沙漠绿洲玉米节水灌溉试验研究[D].银川:宁夏大学,2014.

[52] 张振华,蔡焕杰,柴红敏,等.膜上灌作物需水量和地膜覆盖效应试验研究[J].灌溉排水,2002(1):11-14.

[53] 白玲晓.鄂尔多斯高原玉米喷灌灌水技术模式试验研究:以鄂托克旗喷灌区为例[D].呼和浩特:内蒙古师范大学,2011.

[54] 王祺,王继和,徐延双,等.干旱荒漠绿洲紫花苜蓿的节水灌溉及水效益分析:以民勤县为例[J].中国沙漠,2004,24(3):43-47.

[55] 曾冬梅,时志宇,潘群燕.新疆牧草灌溉方式和灌水定额初探[J].水利学报,2005(增刊):341-344.

[56] 郭克贞,李和平,史海滨,等.毛乌素沙地饲草料作物耗水量与节水灌溉制度优化研究[J].灌溉排水学报,2005,24(1):24-27.

[57] 刘虎,魏永富,郭克贞.北疆干旱荒漠地区青贮玉米需水量与需水规律研究[J].中国农学通报,2013(33):94-100.

[58] 李楠楠.黑龙江省半干旱玉米膜下滴灌水肥耦合模式试验研究[D].哈尔滨:东北农业大学,2010.

[59] BROWN P W,TANNER C B. Alfalfa stem and leaf growth during water stress[J]. Agronomy Journal,1983,75(5):779-805.

[60] PANDA R K,BEHERA S K,KASHYAP P S. Effective management of irrigation water for wheat under stressed conditions[J]. Agricultural Water Management,2003,63(1):37-56.

[61] 胡志桥,田霄鸿,张久东,等.石羊河流域主要作物的需水量及需水规律的研究[J].干旱地区农业研究,2011,29(3):1-6.

[62] 周斌,李凤霞.宁夏中部干旱带玉米需水规律与节水补灌技术指标研究[J].宁夏农林科技,2013,54(9):1-4.

[63] 佟长福,史海滨,霍再林,等.参考作物腾发蒸腾量等值线图的绘制[J].沈阳农业大学学报,2004,35(5):492-494.

[64] 汤鹏程.西藏高海拔地区 ET_0 计算公式试验率定与青稞作物系数推求[D].北京:中国水利水电科学研究院,2019.

[65] 李品红,孙洪仁,刘爱红,等.坝上地区紫花苜蓿的需水量、需水强度和作物系数(Ⅱ)[J].草业科学,2009(9):124-128.

[66] 刘爱红,孙红仁,谢勇,等.紫花苜蓿耗水规律研究方法[C].第三届中国苜蓿发展大会,北京,2010.

[67] 吴兴荣,华根福,莫树志.新疆北部苜蓿耗水规律及灌溉制度研究[J].节水灌溉,2012(2):38-40.

[68] 谢夏玲.膜下滴灌玉米的需水规律及其产量效应研究[D].兰州:甘肃农业大学,2007.

[69] 胡志桥,马忠明,包兴国,等.亏缺灌溉对石羊河流域主要作物产量和耗水量的影响[J].节水灌溉,

2010(7):10-13.

[70] 郭维.黑龙江省西部玉米膜下滴灌试验研究[D].哈尔滨:东北农业大学,2010.

[71] 刘一龙.黑龙江省西部半干旱区玉米膜下滴灌节水增产增温效应试验研究[D].哈尔滨:东北农业大学,2010.

[72] 张步翀,李凤民,成自勇.集雨限量补灌条件下带田玉米土壤水分时空动态研究[J].灌溉排水学报,2004,23(2):186-193.

[73] 郭西万,周义,董新光,等.新疆阿勒泰地区北屯灌区田间沟畦节水灌溉试验研究[J].新疆农业大学学报,2001,24(3):64-68.

[74] 孙洪仁,张英俊,韩建国,等.紫花苜蓿的蒸腾系数和耗水系数[J].中国草地,2005,27(3):65-71.

[75] 高杨,任志斌,段瑞萍等.苜蓿滴灌高产栽培技术[J].新疆农垦科技,2011(3):11-13.

[76] 韩丙芳,马红彬.宁夏南部山区牧草需水规律和节水灌溉技术的新进展[J].宁夏农学院学报,2004,25(4):67-71.

[77] 李刚,张毅鹏,班懿根.膜下滴灌技术发展现状及应用前景[J].新疆水利,2004(4):25-28.

[78] 康绍忠,蔡焕杰.作物根系分区交替灌溉和调亏灌溉的理论与实践[M].北京:中国农业出版社,2002.

[79] 董国锋.调亏灌溉对苜蓿生长、生理指标及其产量效应的影响研究[D].兰州:甘肃农业大学,2006.

[80] 樊引琴,蔡焕杰.单作物系数法和双作物系数法计算作物需水量的比较研究[J].水利学报,2002,33(3):50-54.

[81] 陈玉民.关于作物系数的研究及新进展[J].灌溉排水,1987,6(2):1-7.

[82] 刘钰,PEREIRA L S.对FAO推荐的作物系数计算方法的验证[J].农业工程学报,2000,16(5):26-30.

[83] 王志强,朝伦巴根,朱仲元.京蒙沙源区人工草地基本作物系数的修定[J].西南农业大学学报,2006,28(1):145-148.

[84] 赵娜娜,刘钰,蔡甲冰.夏玉米作物系数计算与耗水量研究[J].水力学报,2010,41(8):953-960.

[85] 刘艳,刘新生,周孟霖,等.夏玉米在充分供水条件下不同生育期作物系数研究[J].陕西气象,2021(2):44-48.

[86] 李霞,刘廷玺,段利民,等.半干旱区沙丘、草甸作物系数模拟及蒸散发估算[J].干旱区研究,2020,37(5):1246-1255.

[87] 李玉义,逢焕成,张风华,等. 新疆石河子垦区主要作物需水特征及水效益比较[J].西北农业学报,2009,18(6):138-142.

[88] 程发林,陈亚宁.干旱瘠薄土地作物需水量与灌溉制度研究[M].乌鲁木齐:新疆科技卫生出版社,1996.

[89] 刘战东,肖俊夫,郎景波,等.不同灌水技术条件下春玉米产量及效益分析[J].节水灌溉,2011(12):19-22.

[90] 范文波,朱保荣,王振华,等.弃耕地苜蓿耗水规律的研究[J].节水灌溉,2003,2(4):9-10.

[91] 陈林.宁夏中部干旱带紫花苜蓿灌溉制度研究[D].银川:宁夏大学,2010.

[92] 郭克贞,佟长福,郝和平,等.毛乌素沙地紫花苜蓿人工草地的水分运移与消耗研究[J].灌溉排水学报,2006,25(6):44-48.

[93] 刘海军,徐宗学.黑龙江西部旱区大豆和玉米的节水灌溉计划研究[J].灌溉排水学报,2011,30(4):27-30.

[94] 水利部农村水利司.旱作物地面灌溉节水技术[M].北京:中国水利水电出版社,1999.

[95] 廖佐毅,张庐陵,廖章一,等.浅析我国农业节水灌溉技术研究及进展[J].南方农机,2021,52(7):84-86.

[96] 张彦明.浅析农业水利灌溉模式与节水技术措施[J].河南农业,2020(12):37-38.

[97] 党志强,赵桂琴,龙瑞军.河西地区紫花苜蓿的耗水量与耗水规律初探[J].干旱地区农业研究,2004,22(3):64-71.